理解科学丛书

THE **MYSTERIOUS**
COSMIC SNAKE

神秘的宇宙蛇

北辰◎编著

U0345836

清华大学出版社
北京

文字创造出来的科普艺术

　　科普就是把复杂的知识通过简单的讲解让公众知道，文字科普是最简单、最原始的科普方式，它易于被公众接受和理解。科普面临着软与硬的问题，包含知识点较多的科普，科学概念较多，技术含量很高，这是硬科普，很难被解说得简单易懂。而那些知识含量较少的科普，可以叫做软科普，由于贴近我们的日常认识，就容易被公众接受，或者说能被完全理解。

　　在评价科普作品是否成功的时候，我们一般只评价它是否易于被公众理解，而忽视了科普的软与硬的问题。毫无疑问，在这种评价中，那些生物和地理方面的科普就很容易占到便宜，而那些与物理相关的科普就很难获得认可。在与物理相关的科普中，包含太多的概念，不了解这些概念，就读不懂科普。尤其是青少年，他们还没接触过那些抽象的物理概念，自然很难读得懂，这种情况在天文学科普中尤其突出。

　　古老的天文学是观测星象的学科，并把观测到的星象与人间事务联系在一起。当代的天文学，完全依靠观测技术的进步，大量的耗资庞大的观测设备出现了，它们形形色色、原理各异。它们的观测成就丰富了天文理论，导致天文物理知识大爆炸似的增长。这些物理知识很难被公众理解，这对天文科普提出了挑战。

"苍穹之上"天文科普丛书解决了这个问题，本套丛书对新知识、新发现进行了趣味的选取，并在此基础上进行艺术的重新构造之后，打磨出一套图文并茂的科普作品。这套丛书不仅选题具有趣味性，在写作方法上也别出心裁，采用比喻、拟人、自述等多种写作手法，文风各异，把所述的内容变得浅显、有趣、易懂，让文字的科普作品充满了艺术性。这既不是科幻的艺术性，也不是童话式的艺术性，而是面对着大量艰深物理概念的艺术描述。

本套丛书不是对天文科学知识进行简单的系统描述，它跟当前科普市场上的所有科普都不一样，这是艺术的科普，真正体现了科普的艺术性，这是消耗大量时间和精力的产物。

本套丛书重点反映的是最近十几年，尤其是最近几年的天文新发现。为了配合书中的文字讲解，搭配了大量的图片，这些图片或者来源于美国国家航空航天局，或者来源于欧洲航天局，特向这两个机构表示致敬，还有一些系统原理图片是作者自己绘制的。

神秘的宇宙蛇

序　言

　　在很多古老民族的世界观中，把宇宙看作是一条蛇，认为世界被它控制，它也同时代表着宇宙的神秘。尽管这只是古人最简单、最朴素的认识，但是，把宇宙比作是一条蛇，确实是很合适，很符合天文科普的需求。

　　在这样的宇宙蛇中，空间的大小被当作是一个个的阶梯，每个阶梯相差一个数量级，也就是10倍，比如，这个是1米，下一个就是10米，再下一个就是100米。在这样的数量级阶梯中，最低的阶梯是微观世界，最高的阶梯是137亿光年宏大的宇宙，这个空间被描述成一条蛇，这条蛇蜷围成圆形，头部代表最大的宇宙，尾部代表最小的空间，蛇嘴咬着自己的尾巴，这样最大的宇宙就和最小的量子世界紧密地联系到了一起。

　　人类对宇宙的认识最早从观测太阳开始，太阳在东方不同的地方出现，也就告诉我们不同的季节。认识宇宙，人们就要观测星空，于是认识了太阳系，认识到太阳系不仅有八大行星，还有小行星。发现的小行星，需要给它们起名字，这些名字都带着我们固有的观点，看看那些小行星的名字，完全是我们现实世界的翻版。

　　太阳系不仅有小行星带，还有柯伊伯带，在20世纪90年代，在那里不断发现体积大的天体，它们的大小超出固有的认识，让冥王星第九大行星的地位发生了动摇，于是，太阳系的边疆开始了一场革命，太阳系的法制建设又前进了一步，给天体起名字以及对它们种类的划分有了依据。

太阳仅仅是一颗普通的恒星，它是从星云世界中诞生的，当一些宇宙尘埃聚集成团，并且从周围的空间吸收了足够的物质，就能够发出光芒，猎户座星云展示了恒星的诞生过程。同样是猎户座，也有恒星展示了恒星死亡的过程，红超巨星参宿四就要走到生命的尽头，它快爆发了。恒星的诞生和死亡是很正常的事情，它们活着的时候是一个球体，死亡和诞生之前都是星云，这些星云形形色色，千姿百态，展示了恒星生死轮回的美丽。

恒星死亡之后，不仅会留下星云，其内核还会变成脉冲星，这是一种奇特的天体，它不停地向外界发射电磁波，十分让人迷惑，以至于在它的发现历史上，诞生了很多其他的故事。双脉冲星的出现更让人吃惊，它们让人们对宇宙的认识更进一步，它们直接验证了相对论的某些理论。

地球在太阳系中，太阳系在银河系中，庞大的银河系是在不断地吞噬周围小星系的基础上长大的。尽管银河系很庞大，它也只是宇宙中的沧海一粟，它与周围40多个星系一起组成本星系群，由上百个星系组成的系统就称为星系团，很多个星系团聚集在一起就称为超星系团。

天体系统就是这样，像阶梯一级一级构成更大的系统，也就越来越接近宇宙蛇的头部。如果沿着这样的思路继续下去，人们会问，宇宙蛇的头部在哪里，也就是宇宙的边界在哪里？当代最大的望远镜也无法回答这个疑问。幸好，宇宙中还有一种天然的望远镜，那就是引力透镜，它能够帮助人们看到宇宙深处的景象。人们发现，宇宙中物质的分布并不是均匀的，宇宙中有物质密集的地方，也有大片的空隙，那里都是没有天体的不毛之地。

宇宙究竟是什么样子的，对这个问题的研究一直没有终极答案，一切说法仅仅是猜测。但是，宇宙是从哪里来的这个问题却有着明确的答案，它起源于一场大爆炸，于是，人们开始意识到，宇宙并不仅仅是空间大小问题，宇宙这个词汇本身还涉及宇宙的年龄这个问题。宇宙的年龄是137亿年，如果把宇宙的年龄浓缩为一年的话，在这一年最后一天的最后一秒，地球人类才出现，人的出现是宇宙演化历史上最重要的事情，人一出现就开始演化出智慧，并且用智慧改造周围的一切，试图认识宇宙，一步步地探求宇宙的秘密。

同时人类也认识到，我们的地球也仅仅是宇宙中的一颗普通行星，宇宙中还会存在着其他有生命的行星，寻找到这样的行星，不仅能让我们找到智慧生命，也能给我们提供第二个家园。

　　宇宙从哪里来？这个问题没有答案，但是，宇宙蛇嘴里含着自己的尾巴给了人们很好的启示，宇宙从微观世界而来。宇宙的大小是 10^{26} 米，这就是宇宙蛇的头，但是，空间的最小尺寸也不能无限小，比 10^{-20} 米更小的空间的情况，人们几乎是一无所知，人们规定最小结构单元是 10^{-35} 米，这就是普朗克长度，在三维空间内，这就是微观世界的极限，这就是宇宙蛇的尾巴。宇宙的所有秘密，都包含在这条尾巴里面，在这里，空间已经不是空间，空间是弯曲的维度，基本粒子就像是一根根的琴弦，它们在发生着振动，正是它们的振动，偶然产生出来生态万千的宇宙。是上帝制造了宇宙吗？上帝就在微观世界中。

　　认识宇宙，不仅要认识空间的大小，不仅要认识时空的脉动，还要认识宇宙中的物质都是什么，对现在的人类来说，宇宙中大概有95%的物质还是神秘的，是我们看不到的，它们被称为暗物质，迄今为止，人们还没有确切的办法证明暗物质的存在。

　　为了探测宇宙，不仅使用了电磁波谱的所有波段，还可以使用中微子和引力波来探测，中微子探测器起到了作用，证明这条路可行，最难探测到的引力波也被探测到了。人类穷其所有的能力探求宇宙的奥秘，但是，知道得越多，也就越感到所知甚少，对这条神秘宇宙蛇的认识，还是仅仅了解了大概。

目 录

01　太阳的轨迹 / / 001

02　来看天堂 / / 007

03　太阳系边疆的革命 / / 014

04　太阳系的法制建设 / / 023

05　猎户座大星云的恒星婴儿在呕吐 / / 031

06　参宿四快要死了 / / 036

07　星云世界的动物园 / / 041

08　与发现脉冲星有关的故事 / / 048

09　双脉冲星——最好的相对论实验室 / / 057

10　银河系在吞噬中长大 / / 064

11 超级凤凰星系团和浴火重生的恒星 / / 071

12 最遥远的引力透镜 / / 077

13 宇宙的繁华都市与不毛空间 / / 082

14 宇宙长得啥模样 / / 089

15 宇宙的脉搏 / / 094

16 M 地球与 M 矮星 / / 117

17 到微观世界中去寻找上帝 / / 125

18 宇宙蛇的秘密 / / 133

19 宇宙的幽灵和幽灵的宇宙 / / 142

20 寻找宇宙大爆炸的回声 / / 150

01

太阳的轨迹

传说太阳神住在东方的扶桑树上，每天早晨驾驶着神车从天上经过，傍晚落到西方，一路上给大地带来光明和热量。东升西落的太阳让古人以为是太阳围绕着地球转，现在我们知道，是地球在围绕着太阳转，生活在地球上的人们并没有感觉到地球的运动，而只是感到太阳在天上围绕着地球运行。

太阳每天东升西落，尽管每个人都知道了这一常识，但是，很多人却并不知道，太阳的轨迹会有很多变化，它有时候几乎在我们头顶直射下来，有时候又在南方的天空，在地上给我们留下长长的影子。把太阳运行的轨迹组合在一起考察，是一件很有趣的事情。

冬至：低矮的轨迹

严格来说，太阳每天所行走的路线都是不一样的，在365天中，它可以走出365条不同的路线，如果画出来，这些路线看上去

冬至的太阳轨迹

都是平行线。其中，最靠近南边的是冬至这天，这一天，太阳运行到天空的最南端，北半球的冬天也就来临了，这也是白天时间最短的一天，我们可以看到，太阳在南方天边划过，如果把这一天的白天划分成43个时段，每一个时段都拍摄一张照片的话，那么我们把43张照片叠加就得到这么一张照片，展示了太阳在冬至这一天的行走轨迹，它一直处在低矮的天空。

东方：太阳升起来的三个方向

太阳从东方升起，又从西方落下，严格来说，这种说法并不对，只有在春分和秋分这两天，它是从正东方向升起来的。冬至的时候，太阳处在最南端，冬至过去之后，太阳就像是只候鸟那样，一点一点向北方靠近，春分这一天来到南北交界处，也就是赤道上空，这一天，太阳直射赤道，这也宣告着春天的来临，这一天，它是从正东方升起来的。

然后，太阳继续向北方移动，等到夏至这一天，太阳来到最北端，这一天，太阳从东北方升起来，落到西北方，这也是我们北半球最热的时候。夏至过后，太阳又会向南迁移，等到秋分的这一天，来到赤道上空，秋天就来临了。然后太阳继续南下，等到冬至

夏至　　　　　　　春分　　　　　　　冬至

四季中太阳从东方升起来的三个方向

的这一天来到最南端，这时候它也就完成了一个周期。太阳的轨迹就是这样，在地球赤道之间来回移动。正是因为这样来回移动，才带来一年四季的变化。

一年中太阳行走的8字轨迹

太阳在一年中的行走路线不一致，我们很少从太阳的运行中发觉这些变化，有一个办法可以让我们清楚地看到这种变化。我们在一个固定的地点，每一天的固定时刻，都给太阳拍摄一张照片，把这些照片组合在一起，就可以一目了然地看出太阳的运行轨迹，这也就是日行迹。

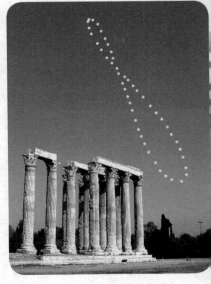

奥林匹斯神庙的日行迹

这张日行迹照片是在希腊的奥林匹斯神庙附近拍摄的，拍摄的时间是2003年3月30日至2004年3月30日，共分47次拍摄。从这张照片中，我们可以看到，太阳在一年中行走的轨迹是一个8字，8字的底端就是冬至那一天，也就是最靠近南方的那一天，最上端那一天就是夏至，也就是最北端，当然，8字的中间就是太阳两次都经过的地方，就是春分和秋分这两天。

日全食的糖葫芦轨迹

日全食糖葫芦轨迹

太阳在天空中的轨迹虽然有些差别，却并不影响太阳东升西落这个比较含糊的说法，从日全食我们也可以看到这一点。发生日全食的时候，月亮渐渐地遮住了太阳，开始是掩盖住一个弧线，接着太阳越来越小，光线越来越暗，直到完全被月亮遮住，然后太阳开始露出一个圆弧，越来越大，最后完全显示出来，重新成为光芒万丈的太阳。如果把这一过程拍摄出来，那么我们可以看到，太阳就像是一串糖葫芦，一串被人啃过的糖葫芦。太阳和月亮都是从东方升起，落到西方的，所以，糖葫芦的最上端，日全食开始的地方就是东方。

日全食在地面上的投影轨迹

日全食是一种比较罕见的天文现象，对于一个地区的人来说，需要三百多年才能看到一次日全食，每次发生日全食的时候，只有很狭窄的一块区域的人可以看到这一稀罕的天文现象，这一区域就是最佳观测点，也就是日全食在地面上的轨迹。这一区域附近的人，他们的运气就没那么好了，他们只能看到日偏食。

火星上的水滴状日行迹

　　地球是一个围绕着太阳运行的行星，火星也是一颗围绕着太阳运行的行星，在火星上，也有一年四季的变化，这里的日行迹会是什么样子的呢？没有人在火星上为我们拍摄日行迹照片。但是，早已经不能行动的探路者火星车却可以胜任这项工作，从1997年7月29日开始，探路者开始了这项工作。它每隔30天拍摄一张照片，就形成了这种火星上的日行迹照片。需要清楚的是，火星上的一年

火星上的日行迹

几乎相当于地球上的两年，有687天，所以每隔30天拍摄一张，总共就得到23张照片，把这些照片组合在一起，就形成了这张特殊的火星日行迹照片。

从这张照片上看，火星上的日行迹跟地球上的日行迹大不一样，火星上的日行迹像是一个长长的水滴，不是正在延伸向下滴的水滴，而是一个横着的水滴。而且，火星距离太阳比地球远，所以这里的太阳也小，只有地球上太阳大小的三分之一。

02

来看天堂

如果你有什么不愉快，那么来看天堂，人间有的东西，天堂里都有，不仅有政治家、科学家、文学家，也有各种事件，还有文学作品中的人物。当然，最重要的还有那秀美的山川，花鸟虫鱼。人间没有这个天堂，这个天堂在太空里，它们就是太阳系的小行星家族。这个家族成员众多，名字各异，组合在一起，比天堂还要热闹。

天堂里的神话

1801年元旦之夜，第一颗小行星被发现，人们给它起了一个名字叫"谷神星"，从此以后，人们在太阳系的火星和木星之间发现了许多小行星，它们的名字都按照西方神话中的人物来命名。这样在1802年出现了智神星，1804年出现了婚神星，1807年出现了灶神星等。以后，随着小行星数量的增多，希腊和罗马神话中的人物一个个都升入了天堂。神仙也有七情六欲，也要结婚。2001年，名为爱神星的小行星就结婚了，它的情人不是别的小行星，而是一颗人造天体。

话还得从1996年说起，这年2月，美国宇航局发射了一颗小行星探测器，它的名字叫 NEAR－苏梅克，2000年2月14日，这一天是情人节，它来到爱神星身边，围绕着爱神星运行并且为爱神星拍照。这个运行过程就像两个人在跳交谊舞，它们就是这样在一起谈恋爱。爱神星长得很不好看，那一座座的环形山就像一脸的麻子，但是，苏梅克并不在意。一年后，也就是2001年的2月12日，距离

第二个情人节还有两天的时候，为了更好地探测爱神星，它遵照科学家的指示，降落在爱神星的表面，投入到爱神星的怀抱里。这一天就是它们举行婚礼的日子。

在爱神星的表面，有相邻的两块地区分别叫做宝玉和黛玉，这对有情人在人间没有做成夫妻，但是在天堂里，在爱神的庇护下，他们却结为永久的夫妻。

"天堂"人物篇

19世纪下半叶，人们开始使用照相术来寻找小行星，利用大望远镜把一片天区拍成照片，然后在这幅照片上一个一个地寻找陌生的亮点。陌生的亮点如果不是彗星，就是小行星。这样陆续发现了更多的小行星，用希腊神话中的人物来命名就不合适了，因为没有那么多的人物。一般是先给它们一个临时编号，在发现的年代后边加两个拉丁字母，待确定轨道后，再给它们一个正式的名字。这个名字由发现者决定，这种方法一直延续到现在。这样，就出现了许多稀奇古怪的现象。有许多发现者的亲戚朋友甚至他们的宠物也都进入了天堂，真可谓"一人得道，鸡犬升天"。

当然，天堂里更多的是名人。有政治家，还有思想家和科学家，至于诺贝尔获奖者是绝对不能少的。一般情况下，以他们的名字命名成为首选。中国现代天文学家就有叶叔华，王绶琯。古代的还有1802号张衡，2012号郭守敬，2027号沈括。外国知名科学家也很多，文学家和电影明星当然也绝对不能少，10930号就叫金庸。

天堂里也有穷人和富人，所以还有扶贫者，5390号小行星就以一个扶贫者的名字来命名，他叫许智明。如果你到天堂去旅游，可以去见见这些名人。

在天堂里是十分崇尚科学的，仅天文学家就有一千多位，还有许多科研机构，如费米国家加速器实验室，好几个大型天文台和望远镜，甚至连牛顿的名著《自然哲学的数学原理》也进了天堂。

所谓近水楼台先得月，那些有批准命名权的官员们当然也有一席之地，国际天文学家协会的历届主席和秘书长也都升入了天堂。

为什么我们常说"仙乐飘飘"？因为天堂里有许多著名的音乐家。19世纪末，在德国海德堡天文台，有两位音乐素养很高的天文学家，他们分别发现了246颗和378颗小行星，于是，他们就让许多音乐家升入了天堂。他们中有指挥家、歌唱家、作曲家、乐器演奏家，还有一些歌剧中的人物。当然，最重要的还有名曲和乐器。所以，在天堂里，肯定有很多美妙的"仙乐"。

"天堂"风景篇

旅游者当然都想去看看山水风景，天堂里当然少不了名山大川，1584号就叫富士山，1149号就叫伏尔加河，224号就叫太平洋。1974年，中国紫金山天文台发现的两颗小行星就分别叫做钟山一号和钟山二号。12382号小行星叫做尼亚加拉瀑布，该瀑布位于地球上的美洲。当然，在天堂里也有地理和国度的划分，1124号叫中华，它是由我国天文学家张钰哲发现的，他把这个小行星的名字献给了自己的祖国。916号叫做美洲。还可以找到许多地球上知名的城市，比如北京和深圳。

天堂里有鸟语花香。生物是个大家族，2731号就叫咕咕鸟。天堂里还有许多地球历史事件的记录，比如埃及和以色列和谈，联盟号和阿波罗对接成功等。天堂里当然也有美人，埃及艳后就早早地在这里定居了，可是这位美人真是徒有虚名，它的样子酷似一根骨头。其实，天堂里的许多小行星都不是圆形，由于质量太小，它们往往呈不规则形状。

童话是一个温馨的世界，在天堂里，也有童话中的人物，在《爱丽丝漫游奇境记》中，许多奇奇怪怪的人物就很受天文学家的青睐，有跳来跳去的蚱蜢，还有会说话的植物。在2002年的小行星命名中，这个童话中的许多人物都进入了天堂。日本电视剧里的人物也不少。既然有这些人物，天堂里也该有喜怒哀乐。23880号小行星是由韩国人发现的，它的名字叫"感情"，这个单词在韩语里是再统一的意思，表达了韩国人希望南北统一的意愿。美国"9·11"事件发生后，天堂里不仅多了两位死难者，也多了同情、团结、宽容这三颗连号小行星。其中8992号宽容是中国紫金山天文台发现的。

更加有趣的是，编号为整千的小行星往往被授予荣誉称号，第1000号小行星叫皮亚齐，是以第一个小行星发现者的名字命名的，第4000号小行星名字叫做联合国。第15000号小行星叫CCD，它是一种用于天文观测的电子设备，为发现那些天堂里的居民做出了很大的贡献。

"天堂"并不安全

天堂里的小行星数量巨大，轨道十分复杂，给地球带来了很大的威胁，恐龙的灭绝和地球上无数的陨石坑都可能是它们惹的祸，为了避免地球的再次灾难，人们加紧了对它们的研究。现在，由于大望远镜的使用，发现小行星再也不像以前那么困难了，每月国际天文联合会命名的小行星都有几十甚至上百个。

原来科学家以为，小行星只存在于木星和火星之间，可是后来发现，有些居民很不遵守交通规则，它们竟会跑到这个轨道以外去，有几个家伙就时常跑到地球的身边。还有些家伙跑到木星轨道以外，顺着木星往外找，人们又找到了许多小行星。现在人们发现，即使在冥王星以外，仍然有小行星存在。这样，天堂又和地狱连在了一起，因为，按照给大行星命名的规则，冥王就是地狱的统

治者。于是，人们在给那些海王星外天体和冥王星外天体起名字的时候，就充分地考虑了这一点，它们分别用造物之神和阴间之神来命名。2002年的小行星命名中，就出现了两个海王星外天体，它们分别叫做混沌和伊克赛恩。

天堂是一个幻想中的世界，它是现实世界的翻版。小行星家族却是一个实实在在的世界，在给它们的命名时，必然带着我们这个世界深深的烙印。如果地球上的人类历史全被抹去，那么我们只要来看看天堂，也就了解了大概。

03

太阳系边疆的革命

叛逆的冥王星

1930年1月，在洛韦尔天文台里，汤博正在验看一些图片，黑色的图片上密密麻麻都是亮点，这就是望远镜拍摄出来的天文底片，汤博的努力没有白费，通过比较几张图片，他发现了一个移动的亮点，这就是冥王星，是人们一直在寻找的一颗太阳系最边远的行星，当时认为冥王星的质量很大，所以它也迅速地获得了第九大行星的宝座。

冥王星距离太阳有45个天文单位，那里距离太阳实在太远了，那是一个阴冷、黑暗，充满着未知的神秘世界，被人们称作是地狱，也就是中国传说中的冥界，冥王星这个名字已经表明了它所处的位置。

1978年7月，另一个人也在研究天文底片，它就是美国海军天文台的克星里斯蒂，他不是在试图发现什么新的大行星，他在对冥王星的照片感到奇怪，他发现，冥王星上似乎起了一个疙瘩，他不知道这是咋回事，于是他把1970年以来所有的冥王星照片统统找出来研究，最后得出结论，这个隆起物是冥王星的卫星，也就是冥卫一。既然它也在地狱里，那么它的名字当然也有特色，它被命名为"卡戎"。在希腊神话中，卡戎是一位摆渡的艄公，如果谁死了，他就会把死者的尸体送过冥河，进入冥界。

卡戎的出现，让人们知道了，原来冥王星并不孤独，它还有一颗卫星，但是，这颗卫星实在有些奇怪，冥王星的直径是2400千米，而卡戎的直径为1200千米，它们之间的体积、质量相差较小，远不如其他行星和其卫星那样相差较大，正因为如此，它们被看作是太阳系中的孪生兄弟，有的天文学家常把它们叫做"双行星"。

双行星是奇特的，这里还有更奇特的地方，卡戎环绕冥王星运行的周期是6.3867天，它的自转周期也是6.3867天，更奇怪的是，冥王星的自转周期也是6.3867天，这就造成了一种奇怪的景象，一个站在冥王星上的人，看到的这个月亮将会一直在天空中，不会有任何的移动，它俩就像是在跳贴面舞那样，永远以一面对着对方。

这种太阳系独一无二的主仆关系表明，守卫在太阳系边疆的冥王星充满了叛逆的个性。它在多个方面都跟我们固有的大行星理论发生冲突。虽然如此，也没有影响冥王星大行星的地位，它依然还

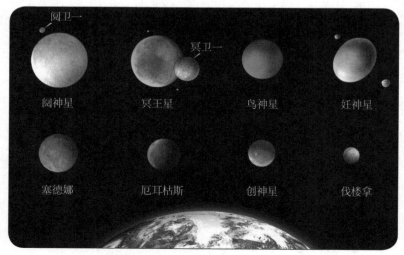

八大外海王星天体比较

坐在太阳系的第九把交椅上，让它的地位受到威胁的是柯伊伯带天体的出现。

柯伊伯的预言

荷兰裔美籍天文学家柯伊伯没有汤博那么幸运，他没有能够发现大行星，但是，似乎是上天要给他一些补偿，他发现了一颗天王星的卫星和一颗海王星的卫星，他对太阳系的研究并不仅仅如此，他还在思考太阳系的起源问题，这个太阳系起源理论谈到了柯伊伯带。

1951年，柯伊伯提出，在太阳系的边缘，也就是海王星的外侧，有一些小天体，它们是太阳系形成之后留下的残骸，它们合在一起环绕着太阳运行，呈现出圆环的结构，就像是太阳的呼啦圈，这就是柯伊伯带。

当时没有人重视他的这个预言，但是，1992年，他的预言被证实了，这一年，第一个柯伊伯带天体出现在天文学家的望远镜里，这个天体在距离太阳44天文单位的地方，直径大概有200千米，被编号为1992QB1。这似乎是打开了一个窗口，紧接着，一个又一个的柯伊伯带天体出现了，2000年年底，直径900千米的伐楼拿出现了。2001年，跟卡戎旗鼓相当的2001KX76出现了，到现在，被发现的柯伊伯带天体超过了一千颗。

这些柯伊伯带天体都有一个共性，都是由含冰物质组成的，从望远镜看，它们仅仅呈现出一个暗淡的红点，多方面都跟冥王星十分相似。如此看来，冥王星也只不过是一个普通的柯伊伯带天体，因为其表面冰层的反光率很高，才轻易地被发现，另外，它的大个头和比较近的距离都是容易被发现的原因。

柯伊伯带的发现，证实了柯伊伯当年的预言，这让冥王星第九大行星的地位动摇了，它坐在那里显得名不正、言不顺。但它依然坐在自己的位置上，没有受到太大的影响，最终影响它命运的是两位女神。

两个女神与冥王的战斗

2003年11月14日，美国天文学家布朗用望远镜发现了一颗新天体，这个新天体在太阳系的边缘，沿着一条高椭圆的轨道环绕太阳运行，围绕太阳一圈需要10500年的时间，它比冥王星到太阳的距离还远30亿千米，从地球坐航天飞机要花40年时间才能到达。那里接收到的太阳光少得可怜，放在太阳上的一根大头针就可以遮住照到它身上的全部光芒。它的表面是太阳系最寒冷的地方，这使给它起名字的科学家想到了地球上寒冷的北极，想到了那里的因纽特人，在因纽特人的神话传说中创造生命的女神叫做塞德娜，于是，塞德娜就成了这颗新天体的名字。

一个是创造生命的女神，一个是掌管死亡的冥王，这种对立关系注定了塞德娜和冥王星之间要进行一场战斗。塞德娜的直径在1288~1771千米之间，大小约为冥王星的四分之三。这让人们想起了一直在寻找的太阳系第十大行星。如果冥王星能坐在第九把交椅上，那么毫无疑问，塞德娜应该坐在第十把交椅上。

塞德娜女神不甘心在这寒冷的太阳系边疆无条件地接受冥王的统治，但是她的挑战并没有最后的结果。这个时候，另一位更加强大的女神出场了，她来帮助塞德娜反抗冥王的统治。

2005年7月，美国天文学家布朗宣布，他发现了一个冥王星以外的天体，距离太阳有160亿千米，这立刻引起了人们的高度兴趣，让人们感兴趣的是，它的直径比冥王星的还要大，冥王星的直径是2400千米，可是这颗天体的直径达到了2500千米，比冥王星的还大100多千米，人们给它起了名字叫做齐娜，这是神话中一个好战的女神，好战的女神自然不会甘当冥王的子民，她也试图得到

站在塞德娜上看太阳

第十大行星的宝座。

冥王星的椭圆轨道和双行星特征只是引起了人们的怀疑，并没有使它的地位受到影响，柯伊伯带的出现也没有能够影响它的地位，但是，生命女神塞德娜和好战女神齐娜的出现，却让冥王星受到了前所未有的挑战，它的地位已经岌岌可危。太阳系边疆的烽火已经点燃，而且越烧越旺，它所带来的必然是一场革命的风暴。

太阳系边疆的革命

2006年8月，国际天文联合会2400多名天文学家聚集捷克首都布拉格，他们必须要制定一种法律，来平息太阳系边疆的烽火。

按照国际天文联合会最初的议案，有关太阳系边疆法律的制定涉及的范围很广，他们准备把卡戎、齐娜，还有太阳系内部小行星带的谷神星拿出来一起讨论，于是，太阳系边疆的烽火开始延伸到太阳系的内部。而且还多了三个候选人，太阳系的大行星有可能增加到12颗。遗憾的是，这个候选人名单中并没有塞德娜，相反，冥王星的卫星卡戎却要升格为大行星。

但是这提案遭到了另一派天文学家的反对，太阳系边疆的烽火也烧到了地球上，所有的天文学家都参与了这场争论，因为这不仅仅是两位女神挑战冥王地位的问题，它其实是一次为太阳系建立宪法的大会，力求尽可能地完善制度，不再出现法律的漏洞。经过几天的讨论，大会为大行星这个概念建立了一条重要的规则，那就是"大行星需要扫清自己轨道周围的障碍物"。

谷神星没有做到这一点，在它的周围还有很多的小行星，它从属于小行星带。至于这次被革命的主角——冥王星，也不符合这条规定。冥王星不能扫清自己轨道上的障碍物，这方面有两个特征：一般行星的卫星都比较小，可以围绕着行星运行，但是冥王星就不一样了，它的卫星卡戎个头实在太大了，与其说是卡戎围绕着冥王星转，还不如说是它们一起围绕着共同的引力中心转，这让冥王星环绕太阳的运行显得有些拖泥带水，不够利落。另外，其他八大行星的轨道基本是正圆形，但是冥王星的轨道却是长长的椭圆形，它有时甚至会越过海王星的轨道，这时候，它就比海王星距离太阳还近，这种越轨行为也表明，它没能够清除自己轨道上的障碍物。

2006年8月24日，国际天文联合会正式向外界宣布，废除冥王星大行星的称号。按照会议的精神，它们给冥王星重新安排了一个

应该拥有的地位，那就是"外海王星天体"，也就是我们通常认识的柯伊伯带天体，并将冥王星作为该类天体的"典型"代表。

太阳系边疆的革命终于有了最后的结果，塞德娜和齐娜两位女神都没能够登上第十大行星的宝座，它们跟冥王较量的最后结果是把冥王拉下了第九大行星的宝座，从此，它们开始平起平坐，一起被称为"外海王星天体"，也可以被称为矮行星。

太阳系边疆的革命其实是太阳系一次完善的法制建设，九大行星的时代已经结束了，八大行星的时代刚刚开始，如果在柯伊伯带又发现了比冥王星更大的天体，那么它立刻就会拥有自己的头衔——"外海王星天体"，再也不用烽火连天地争斗了。但是，如果这颗行星的质量足够大，远远地超过冥王星，达到我们地球的标准，那又该怎么办呢？

04

太阳系的法制建设

金星   地球   火星   木星   土星   天王星   海王星   冥王星
177°   23°   25°   3°   27°   98°   30°   120°

从月球违法事件到天体命名规则

当伽利略把他制造的第一架望远镜指向月球的时候，引起他兴趣的是月球上大片暗淡的区域，他认为那是月球上的海洋，于是，他就给这些所谓的海洋起了一些名字，这些海洋有冷海、梦湖、鸣海、风暴洋以及静海。

几乎与伽利略同时代的另一个人也对月球产生了浓厚的兴趣，他是一个酿酒商人，名字叫做赫维留斯。赫维留斯写了一本有关月球的书，在这本书里附带着一张月面图，当时，他想不好如何给月球上的地形命名，有人建议他用《圣经》中的人物来命名，他认为月球与宗教没有什么关系。也有人建议用科学家或者艺术家的名字来命名，他又担心用谁的名字都可能会引起争论，最后他想了一个折中的方案——用地球上的地形来命名。

虽然赫维留斯反对用人名来命名，但他自己却不遵守这条规则，他用自己的名字命名了一个环形山，赫维留斯的这种行为也算是太阳系天体命名方面最早的违法事件了。

在伽利略逝世后九年，另一个违法者也出现了，他的名字叫做里奇奥利，他也写了一本探讨月球的书，在这本书里，他也把自己的名字搬上了月球，不仅如此，他还自作主张地送了一个环形山给他的学生。

月球是第一个需要为具体地形起名字的天体，规则的制定者本身就不遵守规则。后来国际天文联合会出面了。他们不仅给月球地形制定了相应的法规，也给水星制定了法规，水星上的陨石坑用作曲家、诗人和作家的名字来命名。

金星由于名字是爱神维纳斯的意思，所以起名字也要跟妇女有关，这样金星上就出现了居里夫人等一批有贡献的女人。金星上还有一个特点，这个星球的表面覆盖着厚厚的大气层，无线电出现之后，雷达才勉强看到了它的表面，所以金星上又增加了一批无线电技术的开拓者。

飞往火星的探测器最多，所以人们对火星的了解也最多，火星上地形复杂，有关火星的命名规则也十分复杂，科学作家卡尔·萨根为此付出了不少努力，他认为，不能光重视那些物理学家和天文学家，还要重视文学家和艺术家，以及植物学家和心理学家。他还提议在火星地形的命名中，不能光体现西方的文化，还要体现东方的文化，于是，火星上的环形山，就有了中国古代的天文学家李梵和刘歆。不仅如此，在一些峡谷命名中，还广泛地使用了各个国家对火星的称呼，于是，火星上还有一个峡谷按照中国的叫法称作火星。

钻法律空子的事件

国际天文联合会的出面，让太阳系天体的命名开始有了相应的规则，但是，必须明确的是，这些规则本身也并不完善，而且也没有得到严格的监管，这就给某些拥有特权的人提供了违法的条件。

20世纪60年代末，阿波罗飞船把一些美国宇航员送上月球，那些宇航员第一次把人类的足迹印到了另一个星球上，这是一项伟大的创举，为了让后代人把自己与月球永远地联系在一起，他们想出了一个办法——用自己的名字命名了几个环形山。

他们还算有自知之明，因为他们选择的几个环形山都很小。这样做当然有些理亏，他们深深知道，苏联人决不会善罢甘休，因为在有关月球地形命名的过程中，苏联人一直跟美国人在发生冲突。比如，苏联人要把一个长条地带命名为苏维埃，还要把一个地方命名为莫斯科，当初美国人都抵制了他们。为了让苏联人能够顺利地接受这几个环形山的命名，他们就按照同样的规格为几位苏联宇航员安排了位置，当然，那也是几个小一点的环形山。虽然苏联的宇航员从来也没有飞出过地球轨道，但是他们就是这样拥有了自己的月球地盘。

国际天文联合会有个规定，禁止天体命名染上铜臭，虽然有些富翁希望拿出一些钱，来为自己在太阳系的天体上留下一个名，但最后都失败了，可是月球上的环形山就是这样被美苏两国的宇航员瓜分了。谁也不能说这样做违反了什么规则，因为当初制定规则的人自己都没有遵守。

钻太阳系法律的空子更多地体现在小行星的命名中，按照国际联合会的命名规则，小行星的发现者有自己的命名权。于是那些发现小行星数量很多的人，不仅把他们的七大姑八大姨升上太空，就连他们家的宠物也升上了太空。

这当然没有什么不妥，但是不妥的是，拥有最终审定权的国际天文联合会的官员们也得到了这样的馈赠，不仅是他们本人，就连他们的亲属也能顺带着捞到一些好处。第24950号小行星和第25258号小行星就是以两个小男孩的名字来命名的，他们分别只有6岁和4岁，是小行星中心主任的孙子，因为这两颗小行星发现的时候，正是这两个小孩的生日，于是他们就这样得到了别人无法得到的荣誉。

在给小行星命名的过程中，还出现了跟现行法律打擦边球的事件，一个发现者要用一个商业机构的名字来给自己发现的小行星命名，这似乎有做广告的嫌疑，不符合相应的规定，但是发现者说，他在这个机构工作过，他想纪念这个商业机构，最后这个命名还是通过了。

无法可依的太阳系

一件新鲜事物出现了，必然要引起争议和讨论，这个时候，人们往往想起去寻找法律依据，可是，制度的建设总是落后于实际的需求。

长期以来，人们一直以为木星的卫星是28颗，但是到了2002年5月16日，这个情况有了很大的改变，这一天，国际天文联合会宣布，又发现了木星的11颗卫

星，随后的短短时间内，有关木星卫星的数据被不断更新，到了6月份，木星的卫星已经多到61颗，木星轻易地超过了土星，成为了太阳系拥有卫星最多的暴发户。但是，这个迅速增长的数字也遇到了很多的质疑，他们认为新发现的这些小天体不是木星的卫星，因为这些所谓卫星的个头太小了，它们的直径一般在2到4千米，与个头巨大的木星相比，实在是太微不足道了。

反对者的言论受到了发现者强有力的批驳，作为一个发现者，为了维护自己的利益，他们说："就像是一条狗，你不能因为它的个子小，就说它不是狗。"这样那些反对者就哑口无言了，因为目前还没有一个规定，告诉我们，围绕行星运行的天体达到什么质量，才能称之为行星的卫星。

也许正是因为没有标准，土星也毫不示弱，2005年年初，土星的卫星也增加了12颗，达到了46颗，随着卡西尼探测器的不断搜索，土星的卫星总数也有可能超过木星。以现代的观测技术，木星和土星的卫星总数早就该有个定论了，但是因为没有卫星大小的标准定义，它们之间的竞争还将继续。也许将来发现几块大石头围绕着行星运转，发现者也会说他们发现了新卫星。

制定新的法律

小行星的命名规则和大天体上地形的命名规则，出现一些违法乱纪事件也无伤大雅，影响不了太阳系的大局，因为这些法规只是一些地方法规。国际天文联合会还无暇顾及这些地方法规，他们还

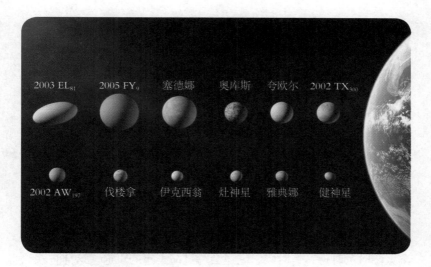

有更重要的事情需要去做，那就是制定太阳系的基本法，这个基本法就是太阳系的行星标准问题。

按照原来的太阳系概念，太阳系有九大行星，但是后来，这个概念遭受到严峻的挑战。挑战我们固有观念的是柯伊伯带天体，这是冥王星以外的一些小天体，它们跟小行星带一样，也是围绕着太阳的一个大圆环，这里已经发现了好几颗跟冥王星大小差不多的天体，而且地质结构也相差无几。于是，人们开始怀疑了，认为冥王星不该是太阳系的第九大行星，它应该是一个普通的柯伊伯带天体，只是因为个头比较大，反光率比较高，被我们提前发现了。但是这种思潮并没有影响到冥王星的地位，它依然悠闲地坐在第九大行星的宝座上，让冥王星地位遭受最严重挑战的是塞德娜和齐娜的出现。

国际天文联合会并没有简单地对这个问题表态，他们从更长远的角度出发，开始考虑太阳系的宪法问题，也只有制定了宪法，才能给太阳系边疆这些引起争议的天体合适的名分。2006年8月，2400多名天文学家聚集捷克首都布拉格，开始商讨太阳系的宪法，这个宪法就是有关太阳系的行星定义问题。

　　这次大会给行星的地位划分了一个重要规则，那就是大行星必须要扫清自己轨道上的障碍物，也就是说，大行星在环绕太阳运行的时候，要给自己准备一条宽广的大马路，而且还必须要有王者气派，这条大马路只能让它一人行走。冥王星没有做到这一点，它距离太阳时远时近，有时候，它还会跨过海王星的轨道，这样它就比海王星距离太阳还近，所以完全可以说，它没有扫清自己轨道上的障碍物。

　　于是冥王星被拉下了第九大行星的宝座，被重新定义为矮行星，也就是等级次一些的意思，与此同时，塞德娜和齐娜也自动地被划入矮行星的行列。可以预计的是，随着更多柯伊伯带天体的发现，太阳系还会有更多的天体加入到矮行星的行列。

　　解决了冥王星的地位问题，标志着国际天文联合会建立了太阳系的基本大法，今后，太阳系的法制建设将会越来越完善，制定卫星的标准规则也将为期不远了，小行星的命名规则大概不会改变了，但是，它跟大天体上地形的命名一样，都有望列入严格的监管之中。

05

猎户座大星云的恒星婴儿在呕吐

一直受我们关注的邻居

"五魁首、六六六、三星高照",这都是喝酒的时候划拳喊出的酒令,三星高照就是猎户座的三颗星,在冬季的星空,威武的猎户扎束着腰带出现在南方的星空,这个腰带由三颗星组成,这三颗星就是民间常说的三星高照。一般认为它给人们带来吉祥,所以这三颗星又分别被称为福、禄、寿三星。古代,它们一直受到人们的关注。

在三星的下面,还有三颗星竖立排列,中间的一颗星十分明亮,呈现红色。望远镜发明之后,人们发现,这原来是一个大星

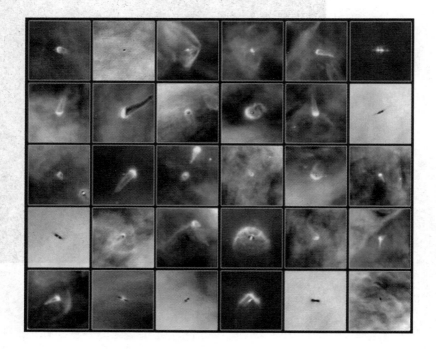

云，也就是一大批星际间的尘埃，这团星云的正式名字叫做M42。它的规模其实很大，几乎把整个猎户座都包含在内，相当于20个满月那么大，即使是猎户座最明亮的星，也从属于这个星云。

如果说这里最明亮的恒星是成人的话，那么在这个星云里面，还有许多没有长大的恒星婴儿。天文学家发现，这里原来是恒星诞生的孵化场，许许多多的恒星宝宝正在这里诞生。

M42大星云距离我们大概1500光年，在宇宙的尺度上来说，这已经算是我们的邻居。对于这个邻居，古代的天文学家关注这里，现代的天文学家将会更加关注这里。恒星是如何诞生的？那是漫长的岁月演化的结果，人们没有办法经历那么长的时间。现在，只要看着家门口的M42星云，就可以了解很多有关恒星诞生的问题。

疯狂的恒星婴儿

在很久很久以前，这里到处充满了宇宙尘埃，谁也说不清楚这些尘埃是从哪里来的，大概是其他地方恒星爆炸之后产生的碎屑，经过很长的时间漂移过来的，渐渐地聚集成很大的一片，形成了直径几百万光年的星云。尘埃非常稀薄，就像是一层丝绸那样，透过它可以看到遥远的星光。

在一片宁静中，有几个极其微小的尘埃不小心碰到了一起，组成了一种名为原核的小团，原核会继续吸收其他的微粒而不断长大，它长得越大，吸收尘埃的能力也就越强，吸收的速度也越快，就像是滚雪球那样，它的体积越来越大。

这样的滚雪球运动并不是只在一个地方出现，在这个星云的其他地方，也会出现这样的运动。于是，谁先开始滚雪球运动，谁就可以得到更多的物质，原核开始了争夺尘埃的大战。它们疯狂地吞吃周围的尘埃物质，唯恐自己吃得慢了一点，就被别人抢光了。对于恒星婴儿来说，这是一场疯狂的食物抢夺战，最后，它们干脆像陀螺那样旋转起来，这样能把周边的物质都扫过来。

但是，原核没有那么大的胃口，还不能一下子把吸引来的这些尘埃都吃掉，它们这样做只是要把这些尘埃物质聚集在自己周围，形成圆盘，围绕着自己运转，这就等于告诉对方：这是我的地盘，这些尘埃属于我，我要慢慢地吃。

这时候，疯狂抢夺尘埃的运动也就告一段落，它们周围的尘埃盘标志着它们已经长大成型，它应该改名叫做原恒星，也就是恒星婴儿。

吃饱了还呕吐

虽然恒星婴儿不是真正的生命体，不会涉及父母的问题，但是它的形成跟人诞生有着惊人的相似。如果把恒星形成的过程看作是一个婴儿在母体中孕育的话，那么周围的气体和尘埃构成的盘系统就是婴儿的胎盘，紧紧包裹着年轻的星体，胎盘源源不断地给婴儿提供养料，所谓的养料除了尘埃之外，还有更多的气体，恒星婴儿就是依靠吸食圆盘里面的尘埃和气体长大。

　　既然是婴儿，那就存在婴儿的行为，婴儿会不知饥饱，使劲吃，吃得太多了，就会呕吐，恒星婴儿也是这样，它也会因为吃得太多而呕吐。在呕吐的时候，会引起消化不良，还会把吃得过多的尘埃以非常激烈的方式喷射出来。

　　不可思议的是，吸收物质的时候，是那些运动圆盘里面的物质落到恒星上，但是喷射的时候，却不是这样，喷流会从恒星婴儿的两极，也就是跟圆盘垂直的地方喷射出来，这个地方相当于恒星婴儿和尘埃盘共同的旋转轴。远远望去，喷射的气体就像是一条直线，只不过这条直线中间串着一个圆球，这个圆球就是恒星婴儿。

　　虽然 M42 在我们的家门口，但我们依然无法清楚地看到这种场景，在望远镜拍摄的图片上，只有科学家才可以分析出来这样的事情。照片上可以看出：大概有 110 多个恒星婴儿都因为吃得太多而在呕吐，它们喷射出来的尘埃延绵不绝，长度达到几亿千米。喷射的速度也很惊人，通过测量可以发现，这些喷流的速度达到了每秒几十千米，有的甚至达到每秒几百千米。

　　科学家不知道这些气体喷流还要喷多久，但是他们知道，当围绕着恒星婴儿的尘埃盘完全被恒星婴儿吞吃掉的时候，恒星婴儿也就长大成人了，这需要多长的时间？科学家也不知道，虽然他们不可能看到恒星婴儿成长的整个过程，但是他们依然会不停地注视着这群恒星婴儿的一举一动。

06

参宿四快要死了

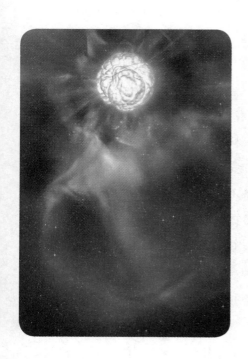

参宿四是灾星

有一个古老的传说，高辛氏有两个儿子，一个名叫实沉，一个名叫阏伯，兄弟俩关系不和，经常刀兵相见。高辛氏为此十分头痛，就把他们分别调拨到不同的地方，这两个地方分别是商和参，被称为参的地方就是猎户座，被称为商的地方就是天蝎座。猎户座出现在冬夜的星空，天蝎座出现在夏夜的星空，所以这对兄弟永不相见。这样的故事在西方神话中也同样存在，猎户座和天蝎座就是一对仇人，是天蝎毒死了猎人，所以他们也是永不相见。

猎户座是一个十分明亮的大星座，冬夜中，在南方的星空中非常瞩目，它最明显的特征就是四颗星组成一个四边形，中心还有三颗星组成一条直线。这三颗星被看作是猎户的腰带，具有十分明显的特征，四边形左上侧的就是参宿四。参宿四是一颗十分明亮的恒星，呈现出红色的光芒，论其亮度，足以坐上第十把交椅。

参宿四下面的腰带三星历来被看作是吉祥之星，分别代表着福、禄、寿，三星高照就是这个意思。但是它们上面的参宿四却是天空中最危险的恒星，它是一个灾星，在未来的一千多年内，它有可能发生爆发，在短短的时间内，把它身上的大量物质发射出来，也就是通常所说的超新星爆发。

巨无霸在吹泡泡

现在望远镜的观测能力越来越强，用它来看恒星虽然更明亮一些，但是恒星依然是一个圆点，而不可能看到一个圆面，因为恒星距离我们太遥远了。能看到圆面的只有很少的几颗恒星，参宿四就是其中之一，它是恒星中的巨无霸，有关参宿四的一切数据都是超常规的庞大。

参宿四是一颗红超巨星，它的直径是太阳的1000倍，在当初与众多的恒星一起形成的星云中，由于一个偶然的因素，它吸收了太多的物质，远远超越了同伴，也超出了恒星的一般标准。如果把它放在太阳的位置上，不要说地球和火星，就是它们之外的木星，也在参宿四的肚子里。

但是宇宙对所有的恒星，似乎总是那么公允，参宿四虽然体积庞大，却虚弱得很，它的质量并不能跟自己的身躯相配，它是一个虚胖子，就如同太阳系的土星和木星那样，是由一大团气体组成的。

虽然如此，也不要认为它就是一个无用的庞然大物，它的质量是很惊人的，相当于20个太阳。它的发光能力也不弱，它的光度是太阳的135000倍。

但是，这个虚胖子却有很多不稳定的因素，很久以前科学家就发现，它的亮度是不稳定的，会发生改变，现在，借助于最大的天文望远镜以及其他观测技术，科学家发现，参宿四的表面在沸腾着，与其说参宿四像一口沸腾的大锅，还不如说它像一颗心脏那样蠕动，但是这个蠕动的过程，绝不像心脏那样轻缓，它就像是吹泡泡那样，缓缓增大，当泡泡吹到最大的时候，参宿四的体积可以超越海王星的轨道。

短命的恒星

这么大的泡泡让科学家确信，参宿四的物质正在快速流失，每年损失的物质相当于一个地球，十万年就会损失一个太阳的质量。那些炽热的物质被快速地抛射出去，达到每小时四万多千米的速度。这么快速的物质流失告诉我们，参宿四是一个短命的恒星，它不能像我们的太阳那样长寿。

太阳已经存活了50亿年，至今还是生机勃勃的青壮年，参宿四的年龄只有区区的几百万年，在宇宙的长河中，这仅仅是短短的一瞬间，但是，参宿四已经显得老态龙钟。太阳的个头不大不小，质量不多不少，但是参宿四这样的巨无霸就显得很不健康，它的死亡之期会很快到来。要不了多久，它就会发生超新星爆发，那是一个猛烈的过程，它会把巨大的外壳抛射出来，同时它的亮度会突然之间增加几万倍。

从1993年以来，参宿四的直径缩小了15％，这是一个危险的信号，这是它即将爆发的先兆，科学家一直在密切关注这个危险的恒星，准备着给我们一个准确的时间表，时间表没有确定，也许是一万年，也许仅仅是一千年之内。为了地

参宿四爆发假想

球生命的安全，科学家一直在密切地关注着天空，研究哪一颗恒星会发生超新星爆发，以利于我们提前做好准备，现在他们把目光锁定在参宿四上面。

地球人不需要太惊慌，科学家研究过超新星爆发与地球的安全距离，一般认为，在25光年之内，会摧毁地球大气层，让生命暴露在太阳的紫外线之下。但是，参宿四距离我们640光年，还威胁不到地球生命的安全。

参宿四就要死了，对于大多数天文学家来说，这是个好消息，参宿四如果发生爆发，它的亮度也许会超越月亮的，即使是大白天也能看到它。它不仅是有史以来最明亮的超新星，还能让人们从头到尾地观测整个过程，此前，天文学家还没有过这样的经历。参宿四死了之后会变成什么样子，是一颗中子星还是一颗黑洞？虽然不需要为参宿四料理后事，天文学家对这个问题还是很感兴趣的。

星云世界的"动物园"

天空闪耀的点点繁星，自古以来就吸引着人们好奇的目光。为了研究方便，天文学家把星空划分成88个星座，其中有许多以动物来命名，这样星空中就出现了一个星座动物园。在划分星座的过程中，人们发现天空中还有一些模糊的斑点，当时尚不明就里。现代望远镜终于揭示出其庐山真面目，原来它们绝大多数是星云，也就是星际尘埃。人们依据它们的特性起了一些名字，其中也少不了动物，于是在星云世界里，也逐渐出现了一个"动物园"。

蜘蛛和它的丝

大麦哲伦星系所占的星空很大，它是银河系的伴星系，在南天的剑鱼座，北半球的居民一般看不到它。在这个星系里，有一个天空中最壮观的星云，即使用肉眼看，也能给人留下深刻的印象，它的名字叫蜘蛛星云。之所以叫这个名字，当然是因为它的样子像蜘蛛。这个蜘蛛距离我们17万光年，体型庞大无比，直径达一千光年。在大型望远镜拍摄的照片上，可以看到蜘蛛肚子里有一些蜘蛛丝，其实这些蜘蛛丝与星云的其他部位一样，都由气体尘埃组成。但这些尘埃云不仅密度不一样，厚度也不一样，有些还向外伸延，伸出蜘蛛身体之外的部分，看上去很像是这个蜘蛛的腿。

在蜘蛛星云的周围，有一些年轻的恒星，它们所发出的紫外线电离了这些尘埃，使它们发出明亮的光辉，由于某种偶然的原因，使这个星云呈现出蜘蛛的模样。星云周围还有几个小小的疏散星团，被深深地埋在蜘蛛身体的另一面，与这个宇宙节肢动物一样，都属于大麦哲伦星系。几颗更明亮的恒星属于银河系，比蜘蛛离我们近得多，它们只是偶然在那个方向。蜘蛛星云的势力范围内，还存在其他的栖息者，其中较重要的包括数个紧贴着蜘蛛星云外围的暗星云和几个致密星团。

螃蟹和它的心脏

在金牛座内，有一个著名星云，被梅西耶星云表安排在第一位，其内部伸出几条长长的丝状物，这个星云的最早发现者把它那纤维状的结构描述成螃蟹的钳子，它由此得名——蟹状星云。这只螃蟹生长得很快，至今还在快速地长大，随着体型的增大，它也越来越没有螃蟹的样子了。

蟹状星云的年龄只有区区的900多岁，在宇宙生命的长河里，这只是短短一瞬间。它前身是一个质量很大的恒星，已经演化到老年时代，走到了生命的尽头，于是产生了激烈的爆发。作为一颗恒星，这一刻就宣告了它的死亡，但也宣告着这个"螃蟹"的诞生。中国古代的天文学家有幸看到它出生的这一刻，并将它记录在案——当时把它称为天关客星，在23天的时间里，它像金星那样明亮，就是在白天也能看到。爆炸的外层物质向四周迅速扩展，几百年后，形成了今天的蟹状星云。

爆炸留下的残骸迅速塌缩，形成了一个脉冲星。这颗脉冲星不仅密度极高，而且还以脉冲的形式向周围发射能量，能量强度胜过好几万个太阳。在它发射的脉冲能量中，首先发现的是射电波段，以后又发现了可见光、X射线和伽马射线，这种几乎在所有波段都有辐射的脉冲星十分罕见。它的射电脉冲时间只有0.033秒。这个脉动的过程，就像心脏的跳动一样，所以它就是这只螃蟹的心脏，只是这个心脏跳动得太快了。爆炸产生的气体外壳不均匀地扩张，导致脉冲星不在这个星云的中心。但是由于它位于天空中的黄道位置，当月亮遮住它其中一部分时，天文学家才确认出这个螃蟹还有个心脏，而且精确地确定了它的方位。

蟹状星云

苍鹰和它的蛋

在梅西耶星云表里，排列为 M16 的是一个很有特色的星云，它在南天的长蛇座内，在小型望远镜的视野里，它就像一个展开翅膀的苍鹰，所以叫做苍鹰星云。这个苍鹰被周围的几个高温的球状星团照亮，亮度为8等，距离我们7000光年。

在苍鹰星云的腹部，有一个比较暗的区域，早在前几年，哈勃望远镜为我们拍摄的照片显示，那里有三根像手指一样的气体柱，由稠密的分子云和尘埃组成，高耸的样子又像大象的鼻子，在其顶端，流动的气体像下雨一样，浇注下来。在这些气体柱的周身上下，挂着许多圆圆的东西，柱子的顶端最多，天文学家称它们为"蒸发中的气体球"，它们就是这只苍鹰的"蛋"。

远处的恒星照耀着这只苍鹰，把它们的紫外光子倾注到星云上，紫外光子使气体柱部分发生了电离。电离导致星云瓦解，瓦解的过程使它们逐渐聚拢，形成了苍鹰的蛋。这些正在蒸发的气体球并不是处在同样的演化阶段，某些气体球已经明显地暴露出来，而另一些还拖着长长的尾巴，这表明气体球状物还在不停地从周围的星云中吸收营养，当它长到足够大的时候，就会引发氢燃烧。那个时候，我们就可以在可见光波段看到它。

现在，已经可以隐约地看到几颗年轻的恒星。它们也是苍鹰蛋孵化出来的。这些苍鹰的蛋告诉我们，它们是还没有形成的恒星。新的研究表明，苍鹰目前有73个蛋。苍鹰将会把它们一个个地孵化成未来的恒星。

骏马和它的鬃毛

在寒冷的冬夜，星空中最显眼的是南天的猎户星座，这里最引人注目的就是马头星云——一匹骏马昂头侧立，远处的背景是一片鲜艳的红色，看上去宛如一个印象派画家的作品。但是，大型望远镜拍摄出来的高分辨率照片告诉我们：这里是一个相当混杂的区域。那些像纤维一样细致的线条宛如马头上的鬃毛，也给我们传递了非常详尽的信息。

远处的几颗亮星是一些年轻的恒星，可能是从这个非常庞大的猎户星云中刚诞生不久，旺盛的生命力使它们发出炽热的光芒。这个星云中的主要成分是氢元素，在高温下被电离而发出红色的光芒，形成远处的背景。一片浓厚的气体云在红色的背景下冉冉升起，这些气体云才是这幅画的主题，它们构成了马头的形状。由于这片气体云的浓度不一样，这就构成马头层次分明的线条。黑色的部分表明尘埃的浓度极高，它完全遮挡住了背景的红光；马头的鬃毛部分，尘埃比较少，它还不能把那些红光完全遮盖住，只是把红光散射掉一部分，因此呈现出蓝绿色。

在这匹马的脖子下部，还有另一个壮观的星云，那里是一个恒星形成区，一些质量与太阳相仿的恒星正在形成。可以预计，随着它们步入成年，它们所发出的强烈星风将会吹散马头星云，使它变得面目全非。

马头星云

蚂蚁和它的腿

当这张照片刚刚出现在天文学家手里的时候，他们给这个星云起了一个名字叫蚂蚁星云，虽然它并不怎么像蚂蚁。看上去，这只蚂蚁只有头部和胸部，而没有腿，这种奇怪的样子是由一次天体的爆发形成的。

在蚂蚁星云的位置，原来有一颗像太阳一样的恒星，当氢元素燃烧过后，它也就进入了老年，一次猛烈的大爆炸使它改变了模样，爆炸的物质从它的中心抛向广漠的空间，形成了我们所看到的蚂蚁形状。按常理，这些喷发物应该是毫无规则地散布在四周，令人奇怪的是：这些气体就像两种物质撞在了一起，有着惊人的对称性。

无论如何，这种非球形的高度对称是很难用天体力学的原理加以解释的。它为什么如此特别？一种解释认为，可能这颗恒星有一个伴星，距离原恒星很近，大概是太阳到地球的距离，它有着很强的引力，将死亡恒星爆炸外流的气体又重新吸引回来，转化为特殊形状。这个伴星可能就在这个气体云中间。

蚂蚁星云

　　这个没有腿的蚂蚁呈现出的对称结构，使现代的恒星演化理论面临新的挑战。天文学家看着这个蚂蚁，不得不重新思考，也许将来我们太阳的命运也是这个样子，这比原来设想的要复杂得多。

星云动物园终将解散

　　宇宙中的星云是一些弥漫的星际尘埃，它们所呈现出的颜色，是由化学元素的含量决定的，它们所呈现的形态，完全是一种偶然因素所致。这也与时间有关，像马头星云和鹰状星云，随着岁月的流逝，它们会渐渐地被星风吹散，变得面目全非。当它们内部的恒星生成的时候，就会导致形态的瓦解。

　　那时候，就不再有这些动物了。星云世界的动物园也会解散。

与发现脉冲星
有关的故事

脉冲星被认为是"死亡之星",是恒星在超新星阶段爆发后的产物。超新星爆发之后,就只剩下了一个"核",仅有几十千米大小,它的旋转速度很快,有的甚至可以达到每秒600圈。在旋转过程中,它的磁场会使它形成强烈的电波向外界辐射,脉冲星就像是宇宙中的灯塔,源源不断地向外界发射电磁波,这种电磁波是间歇性的,而且有着很强的规律性。正是由于其强烈的规律性,脉冲星被认为是宇宙中最精确的时钟。

脉冲星的存在是过去人们没有预料到的,它的性质如此奇特,以至于人们在对它的认识过程中产生了很多故事。

发现脉冲星

脉冲星刚发现的时候,人们以为那是外星人向我们发射的电磁波,他们在寻求宇宙中的知音。

1967年,英国剑桥大学新建造了射电望远镜,这是一种新型的望远镜，它的作用是观测射电辐射受行星际物质的影响。整个装置不能移动，只能依靠各天区的周日运动进入望远镜的视场而进行逐条扫描。1967 年 7 月，这台仪器正式投入使用，接收波长为 3.7 米。用望远镜观测并担任繁重记录处理的是剑桥大学研究小组休伊什的女博士研究生乔斯琳·贝尔。在观测的过程中，细心的贝尔小姐发现了一系列的奇怪的脉冲，这些脉冲的时间间距精确相等。贝尔小姐立刻把这个消息报告给她的导师休伊什，休伊什认为这是受到了地球上某种电波的影响。但是，第二天，也是同一时间，也是同一个天区，那个神秘的脉冲信号再次出现。这一次可以证明，这个奇怪的信号不是来自于地球，它确实是来自于天外。

这是不是外星人向我们发出的文明信号呢？新闻媒体对这个问题投入了极大的热情。不久，贝尔又发现了天空中的另外几个这样的天区，最后终于证明，这是一种新型的还不被人们认识的天

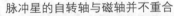

脉冲星的自转轴与磁轴并不重合

体——脉冲星。1974年，这项新发现获得了诺贝尔物理学奖，奖项颁给了休伊什，以奖励他所领导的研究小组发现了脉冲星。令人遗憾的是，脉冲星的直接发现者，乔斯琳·贝尔小姐不在获奖人员之列。事实上，在脉冲星的发现中，起关键作用的应该是贝尔小姐的严谨的科学态度和极度细心的观测。

最愚蠢的一脚

就在贝尔小姐发现射电脉冲之前，有位物理学家也把他的射电望远镜对准了太空，他观测的位置是猎户座的一个脉冲星，他发现自动记录仪在发生着颤抖，这种颤抖是有一定规律可循的，但是他并没有留意这种情况，他以为自己的设备出了什么毛病，于是，他对着仪器轻轻地踢了一脚，仪器的颤抖消失了，他就是这样与发现脉冲星的桂冠擦肩而过，与他一起擦肩而过的，还有一笔诺贝尔奖奖金。

这最愚蠢的一脚，使他终生难忘，后悔不已。他向贝尔小姐讲述了自己的故事。但他却不愿意透露自己的身份。所以直到今天，也没有人知道这位射电天文学家是谁。

脉冲星的摇摆舞

虽然脉冲星不是外星人发射的信号，但是人们依然对外星人极感兴趣，人们认为，如果有外星人的话，他们应该在一颗行星上，于是，寻找太阳系以外的行星的工作就从来没有停止过，许多人在这条道路上艰难地向前摸索着，他们被称为猎星人。第一个发现太阳系以外行星的不是这些猎星人，而是一位研究脉冲星的科学家。

安德鲁·林恩是全球发现脉冲星最多的人。林恩发现了一类奇怪的脉冲星，其脉冲总是会早到或晚到地球几毫秒，这种情况每半年就出现一次，仿佛是脉冲星一会儿朝着我们而来，一会儿又离开我们而去，脉冲星好像是在跳摇摆舞。他把自己的这一发现发表在了著名的科学杂志《自然》上面，结果立即震惊了学术界。真是令人难以置信，林恩在偶然间发现了脉冲星被行星引力牵引在跳摇摆舞，这种摇摆的证据表明，在这颗脉冲星的周围，有行星围绕着它运行，这个发现让那些猎星人极感兴趣。就在安德鲁·林恩即将在美国天文学年会上发言前夕，为了充分准备他的研究资料，他开始重新检查并修正有关数据，但是这个时候，他却突然发现自己犯了一个错误：他所发现的"摇摆"，其实只是地球自身在环绕太阳运行过程中所产生的"摇摆"。由于电脑出错，先前未能考虑到这一因素，所以才出现了脉冲星"摇摆"的错误结论。林恩一下子呆了，他开始为自己的愚蠢后悔不已，最后，他终于做出了痛苦的选择，必须公开承认这一重大失误。

在美国天文学年会上，面对500位正期待着与他分享成功喜悦的同行们，林恩认错了，他说："很不幸，这是一个错误！"但是，让他没有料到的是，500位听众竟然全体起立，为林恩的诚实热烈鼓掌。

脉冲星的行星

也就是在这一天，也就是在这次会议上，还有另一个人，也准备了相似的发言，他也是一位脉冲星观测者，他的名字叫做亚历克斯·沃尔兹坎。

但与林恩不同的是，他的证据确确实实地表明，有一颗脉冲星不只被一颗行星所环绕，而是具有一整套行星系统！发言之前，沃尔兹坎有些忐忑不安，因为林恩的认错无疑更强化了一种根深蒂固的观念："脉冲星不可能有行星环绕。"不过这一次，事实证明沃尔兹坎是对的，他不仅发现了脉冲星的"摇摆"，而且计算出有3颗行星在围绕这颗脉冲星运行，并且这些行星每200天就相会一次，

脉冲星和它的两颗行星

每一次其中两颗较大的行星都会相互影响对方，这样就使它们的轨道发生一些微妙的改变。正是这些改变，使他发现了这颗脉冲星拥有行星的秘密。

脉冲星的行星就这样被发现了，而且它还是一个完整的行星系统，但是这个时候，那些猎星人连一个太阳系以外的行星也没有找到，这样的发现让猎星人感到十分困惑，因为脉冲星具有行星，这是天文学家过去没有想到的。脉冲星是爆发过的中子星，它怎么可能会有行星呢？

第一个日外行星系统就这样被发现了，由于它不符合现代的天文学理论，这个发现总是让人感到有些意外。

假的脉冲双星

脉冲星拥有行星的发现虽然看起来显得意外，在这方面还有更加意外的发现，那就是双脉冲星。

赫尔斯当时是个研究生，他被作为泰勒的助手派往波多黎各的阿雷西博，用大射电望远镜观测脉冲星，那是当时最好的射电望远镜，也许正是使用了这个望远镜的原因，他发现了一种奇怪的电波，这个时候距离第一颗脉冲星的发现仅仅过了七年，人们对脉冲星的了解还很肤浅，当时赫尔斯还不能立刻确信他所看到的周期变化就是事实，经过反复观测后，他才确定该系统是双体。他把这个消息电告泰勒，泰勒立刻赶往阿雷西博，他们进一步研究后认为这是一个双脉冲星，并且一起确定了双星的周期和两颗天体之间的距离。

根据这个发现，有人研究了这对双脉冲星的关系，据此获得了1993年诺贝尔奖，这样有关脉冲星的发现就有了两项诺贝尔奖。这更让双脉冲星的概念深入人心。

但是，这却是一对假的双脉冲星，它实际上是一颗脉冲星和一颗中子星的组合。另一颗是中子星，中子星并不发出脉冲辐射。以后又发现了不少这样的组合，它们都不是真正的双脉冲星，或者说另一颗是白矮星或者普通恒星。

脉冲星的行星

真正的脉冲双星

货真价实的双脉冲星编号是 PSRJ0737−3039A/B，论质量它们俩相差无几，A 的质量是 1.337 个太阳质量，B 的质量为 1.251 个太阳质量。自转周期却有着很大的差距，A 的自转周期是 0.022 秒，而 B 的自转周期是 2.7 秒。它们就像是一对灯塔，横扫过深邃的宇宙，向宇宙宣布它们之间亲密的兄弟之情。

这一对脉冲星的发现，有着戏剧化的历史，2003 年 4 月，B 首先被发现，它的脉冲周期是 22 毫秒，从周期上来看，它似乎是一个很普通的脉冲星，但是它的脉冲周期会发生变化。一般来说，脉冲星的周期都很准，在几十年内都可以当作是最准确的时钟，它的周期变化表明，可能还有另一个伴星在它的身边，而且这颗伴星很可能是一颗中子星，就像是以前发现的 PSR1913+16 那样，也被称为双脉冲星。如果这样解释就是一个很完美的结果，它很符合天文演化的规律。于是这一结果出现在 2003 年的学术刊物上。但是，事实却不是这样。

新的发现引来了更多的观测者，美国的绿岸和澳大利亚的帕克斯射电望远镜都投入到对它的观测。一个月之后，新的结果出来了。它确实有一颗伴星，但是这颗伴星不是一般的中子星，而是一颗也能发出脉冲信号的中子星，也就是脉冲星。从此，天文发现史上的第一对真正的双脉冲星出现了。

中学生发现脉冲星

从事天文研究的都是专业天文学家，他们有丰富的研究经验，也有专业的研究设备，所以他们可以取得骄人的成绩。但是，在脉冲星的发现历史上，却有着一个特别的例子，这个例子就是三名中学生发现了一颗脉冲星。

在美国北卡罗来纳州，有三名中学生，他们都是天文发烧友，经常在一起探讨天文问题，钱德拉塞卡空间望远镜发回的资料引起了他们的兴趣，他们发现在 IC443 的超新星遗迹有些特别，似乎有一个点状的 X 射线源存在，这表明那里很可能会有一颗脉冲星。他们把这个消息报告给了专业天文学家。结果，这个发现获得了专家的认可，麻省理工学院脉冲星专家布赖恩博士对这些中学生的成果评价说："这是一个实实在在的科学发现。有关人员都应该对此成就感到骄傲。"

于是，这三个中学生获得了西门子－西屋科学和技术竞赛大奖。

通常情况下，超新星爆发后，会在原来的遗址上留下一颗恒星的残骸，这样的残骸很可能就是脉冲星，但是，科学家没有注意到这个问题，却让三名中学生发现了。

脉冲星实在是一种奇异的天体，人们对它的各种特性还没有完全了解，很多发现都是事先没有预料到的。随着人们对它的了解越来越多，这方面的理论建设也就会越来越完善，故事也许不会再发生。

双脉冲星——最好的相对论实验室

双脉冲星现身

1967年7月，女博士研究生乔斯琳·贝尔在使用射电望远镜的时候，发现了天空中出现奇怪的脉冲信号，最后证明，这是一种新型的还不被人们认识的天体，它就是脉冲星。

脉冲星是老年的恒星经过一次超新星爆发之后的产物，爆发之后就只剩下一个核心，也就是中子星，密度极高，质量却不小，它们有很强的磁场，磁场从两个磁极发射出来，向太空中喷射出锥形的能量波。由于它们像疯子那样高速度地自转，所以从磁极喷射出来的能量就像是旋转的灯塔那样，一圈又一圈地横扫过深邃的星空，如果地球上的人们正好处在被它扫射的范围内，我们就能发现这颗脉冲星。

自从乔斯琳·贝尔发现第一颗脉冲星以来，现在科学家已经发现的脉冲星超过一千颗。但是在2004年，天文学家发现了双脉冲星。听到双脉冲星这个名字，有些人会不以为意，早在1973年，

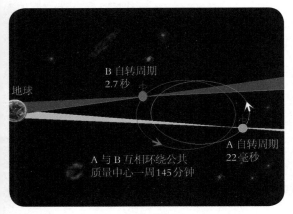

双脉冲星

科学家就已经发现了双脉冲星，它们的名字被称为 PSR1913+16。

其实错了，请注意，以前发现的所谓双脉冲星并不是真正的双脉冲星，它们是一颗脉冲星和一颗中子星的组合，它们称不上是一对兄弟，它们就像是一个人跟一个黑猩猩在一起。而这对双脉冲星是实实在在的同类，两颗实实在在的脉冲星在一起。

这对货真价实的双脉冲星编号是 PSRJ0737-3039A/B，PSR 三个字母表示它们是脉冲星，后面的两组数字表示它们在天空的坐标，也就是赤纬度和赤经度。最后面的 A/B 表示它们是双星，一个是 A，另一个是 B。论质量它们俩相差无几，A 的质量是 1.337 个太阳质量，B 的质量为 1.251 个太阳质量。自转周期却有着很大的差别，A 的自转周期是 0.022 秒，而 B 的自转周期是 2.7 秒。它们就像是一对灯塔，横扫过深邃的宇宙，向宇宙宣布它们之间亲密的兄弟之情。

幸运和不幸运的天文学家

既然是双星，那么它们就肩并肩地站在一起，在一个平面上相互作环绕运动，地球上的天文学家很幸运，也处在这个平面上，可以看到双脉冲星互相绕转的过程。但是，2009年，科学家发现，B的信号失踪了，再也接收不到 B 的电磁脉冲信号了。原来，这是进动造成的结果。

把一个陀螺放在光滑的冰面上，用鞭子抽它，陀螺就转动起来。陀螺的自转轴不停地指向天空中不同的方向，看起来，陀螺就像一个不倒翁那样摇摇晃晃，这就是进动。

当发生进动的时候，B 那本来对准地球的电磁波束也就偏离了方向，不再指向地球，于是，B 的信号就不能被地球科学家观测到了。

但是此刻，如果在宇宙另一个方向的某个地方，恰好也有一些天文学家在研究这个双脉冲星系统，就会出现跟地球上科学家一样的戏剧性结果，他们本来只知道有一颗脉冲星，但是此刻，另一颗脉冲星的信号也扫了过来，于是，他们就发现了两颗在一起的脉冲星。

B 的信号消失了，但这仅仅是暂时的，当双脉冲星完成一个进动周期的时候，B 的信号还会再次出现，至于 B 的波束什么时候才能再一次扫过地球，地球科学家依据仅仅观测七年的资料，还无法做出精确的预测。双脉冲星的进动周期非常快，仅仅有21.3年。所以，至少在这个时间之内，B 的脉冲信号还会再次出现。

恒星中的梁山伯与祝英台

PSRJ0737−3039A/B 的出现大大出乎人们的意料，这不符合正常的天体演化规律。它们的前世并不是脉冲星，它们都是其他的恒星，经过了两次大灾难，才能出现这一对脉冲星。而一次大灾难，足以毁掉了另一个，两次大灾难，一对都能保留在原地，这实在是一种奇迹。

一般来说，脉冲星的前世就是一颗较大的恒星，但是已经走到了恒星的老年，像太阳那样的恒星是个富翁，有着无穷的氢元素，足够一直不停地燃烧下去，但这样的恒星已经把氢元素都燃烧光了，它们已经是穷光蛋，要想继续生存下去，只能来一次决定性的革命，那就是一次猛烈的喷发。

首先，质量较大的A顺利地完成了这样一次大爆发，把外层物质抛射出去，就只留下一个核心，这个核心异常致密，一个手指头那么大的一小块，也会达到上亿吨的质量，总的质量跟太阳差不多，而个头只有十几千米那么大。A从此有了一个新的名字，就叫做中子星。中子星的密度极大，磁场也极其强烈，如果能向外界发射电磁波束，就是脉冲星，A就是这样能发射脉冲信号的脉冲星，它顺利地完成了从老年恒星向脉冲星的转化。

但是，在A发生大爆发的时候，那猛烈的气浪足以把周围的一切都推开，所以，B居然没有被推开，就让天文学家十分困惑，他们不明白在A爆发的时候为什么没有能把B驱赶走。

接下来，质量较小的B也要完成这个脱胎换骨的转化，它们的转变方式是一样的，首先，B会膨胀成为一颗红巨星，体积非常巨大。这对它来说是个危险的事情，危险是因为高密度A的存在，B那膨胀的物质很容易被A掠夺。首先被A吸收成为一个吸积盘，然后源源不断地被 A 吞噬。

但是，B 也顺利地完成了爆发过程，也成为一颗脉冲星。它当初是否被 A 抢掠了一些物质？现在科学家没法回答，它在爆发的时候，为什么没有把 A 推开，而让 A 继续存在于身边？科学家也无法回答。种种迹象显示，B 的爆发相当温和，它们在转化的过程中，双双包容对方的存在，这是一个奇迹，这是一个很偶然的现象。

它们就像蛹经过了破茧，演化成蝴蝶那样，经过了一般恒星的老龄阶段，再经过两次大爆发，顺利地双双演化成脉冲星。它们前世是双星，今生依然是双星，就像是梁山伯与祝英台那样决不分离。

最好的相对论实验室

PSRJ0737-3039A/B 这对货真价实双脉冲星的出现，让物理学家很是兴奋。爱因斯坦相对论出现之后，一直找不到好的检验方法，他们为此费尽了脑筋，这对双脉冲星就是验证爱因斯坦相对论最好的场所。

它们的高密度会导致空间的弯曲，当它们两个与地球都处于一条直线上的时候，比如说 B 在远处，A 在近处，B 的脉冲信号要想到达地球，就要从 A 的身边经过，但是，A 的强大引力已经把周围的空间搞得弯曲了，那么 B 就需要走过这段弯曲的路程才能到达地球。这种情况已经被观察到，这一额外的路程让信号迟到了100微秒。这表明，在那里，空间确实变得弯曲了。

这对双脉冲星还会导致时间变慢。通过一系列实验，可以得出结论，如果钟表放在这里，时间会减慢386微秒。

脉冲双星最后的结局

双脉冲星基本上处于跟我们的视线水平的位置，侧向着我们，当一个挡住另一个的时候，可以研究它们的很多特性，虽然它们是侧向着我们，还是有一点倾斜，它们自转的时候，可以让天文学家能够看到它的每一个侧面，就像是乘坐在飞船上围绕着它探测那样。

这对双脉冲星在物理学中还有很多其他的试验价值，科学家正在利用这个最好的实验室加紧试验，因为他们知道，这个最好的实验室最终必然会遭到破坏，破坏者其实就是这对双脉冲星自己，这个系统最终将会崩溃。

它们相互环绕一圈的时间是145分钟，两者之间的距离也近得很，达到了90万千米，仅仅比地球与月球的距离大两倍，这么近的距离是很危险的。由于它们是高密度的天体，引力都很大，其结果只能是一步步地向对方靠近。现在它们每天向对方靠近7.42毫米。照这样下去，8500万年之后，这对双星将会相撞。

那是一个猛烈的过程，那也是它们的死亡之期。那个死亡的时刻，它们也没有忘记给我们的天文学家带来另一个试验，那会发出极其强大的引力波。

这个双脉冲星系统，实在是天文学家梦寐以求的相对论实验室，它们是天文学家的宝贝，天文学家太爱它们了。

10

银河系在吞噬中长大

银河系和银河系的晕就是这个样子

寻找银河系恒星家族中的外来户

安娜是美国麻省理工学院的助理教授，作为一个天文学家，她研究的课题很特别，她研究的题目是：银河系究竟靠吃什么长大？

夏天的夜晚，当我们在郊外仰望星空，就会发现天上一条模模糊糊的亮星带，从南至北，这就是银河。银河系是很大的天体结构，我们的太阳系就身处其中。作为更大一级的天体结构，银河系有很多突出的地方，与周围同样级别的同伴相比，它的体型明显太大了，所以它的同伴只能被称为矮星系。一个"矮"字突出了同伴的级别。

一般的矮星系只有几十亿颗恒星，还有些只有上万颗恒星，但是银河系不同，银河系有接近4000亿颗恒星。数千个星团和一大批星云物质组成的系统，它的直径约为100000多光年，中心的厚度约为6000多光年。

银河系为什么拥有如此巨大的规模？安娜的研究认为，银河系过去没有这么大，它是在吞噬周围的矮星系，在不断地吞噬过程中，银河系才不断地长大，达到今天这种庞然大物的样子。

过去人们一直认为，银河系是个旋涡星系，就跟仙女座大星系一样，但是，经过近几十年的研究，尤其是斯皮策红外望远镜证实，银河系是一个棒旋星系，它的中心像一个棒子那样，而不是像一个旋涡。不仅如此，银河的核心的棒状结构比预期的还大。但是，这依然不影响我们原来对银河系的理解，从侧面看，它的外形就像是两个扣在一起的盘子，边缘地区恒星较少，恒星主要集中在中心，在盘子的上侧和下侧，也并非空无一物，那里也有一些恒星，只是密度较小，看起来不是那么亮，这里被称为银河系晕。

说银河系在不断地吞噬周围的矮星系，关键就是在银河晕的外围找到了证据，如果银河系吞噬了矮星系，这些矮星系的成员就会进入到银河晕的外围。这个推论基本正确，银河晕的外围的很多恒星暴露了自己真实的身份，原来它们不属于银河系，贫金属含量表明，它们可能不是土生土长的成员，基本上都是外来户。

恒星的化学条形码揭示出穷人和富人

判断谁是真正的罪犯，最重要的证据莫过于 DNA 检测，DNA 记录了一个人的生物遗传特性。恒星也有自己的 DNA，这个恒星的 DNA 就是清晰地显示着恒星中所包含的化学信息的化学条形码。

星光中包含着恒星的基本信息，这早在牛顿的时代就已经知道，让阳光通过三棱镜，就可以看到七彩阳光，七彩光就暴露了太阳上的化学元素信息。一般大型望远镜都装备有光谱仪，能够拍摄恒星的光谱。光谱仪可以将星光分解成一条条的彩色光带，光谱中出现的暗线是吸收线，那些吸收线就是恒星的化学条形码，相当于恒星的 DNA，告诉我们被观测恒星上包含着哪些元素，以及那些元素含量的多少。

使用光谱仪的分析表明，银河系银晕外侧存在着一些恒星，它们本来不属于银河系，它们是一群外来户，是被银河系俘虏来的。证据就在它们的化学条形码，它们的化学条形码显示，它们内部的金属元素含量实在是太少了。

这并不是我们理解的金属元素，它们是较重的化学元素。宇宙在最初形成的时候，只有很简单的几种元素，分别是氢、氦和锂元素，它们既是最简单的元素，也是最轻的元素，是它们聚合在一起形成了最早的恒星。但是随着恒星的演化，这些元素将会演化成重元素，这些重元素伴随着超新星一起形成，超新星爆发之后，这些重元素——金属元素会参与下一轮恒星的形成。

按照古人的说法，金也就是金属，代表着财富，说一个人有多少金就是说有多少钱，这种说法也适合在天文学上使用。尽管这里说的所谓金属元素只是碳、氧、氮、铁，但是在天文学中，它们被称为金属元素，携带较多碳、氧、氮、铁的恒星被称为富金属恒星。缺乏这些元素的恒星当然就是贫金属恒星，贫金属恒星也就是恒星家族中的穷人。它们的化学条形码就相当于 DNA，揭示了它们真实的身份。

银河系应该是一个比较富有的大星系，银河系有近四千亿颗恒星成员，大多数恒星很亮，它们在不停地演化，以至于今天包含着太多的金属元素，银河系不该有这些穷成员，这足以说明，银晕里面的贫金属恒星是外来户，是被银河系俘虏来的。

矮星系里面的穷人

贫金属恒星多存在于星系晕中，它们不愿意跟富人为伍。富人们喜欢炫富，它们聚集在一起，生活在豪华的地方，生活在光芒明亮的银河系银盘里面，相互攀比谁的光芒更明亮。但是，穷人就不能这样，星系晕就是它们的家园，那里就是贫民窟。它们只能居住在生活条件简朴的贫民窟里。

它们为什么只是喜欢生活在银河系的银晕里面，这引起了天文学家的兴趣。还有另一个地方也是贫民窟，这个贫民窟就是矮星系，在矮星系中，也是贫金属恒星的聚集地。那里只有几十亿颗恒星，贫金属是它们的特性，尤其是只有几千颗恒星的矮星系，更是贫金属恒星的家园，那里是实实在在的贫民窟。

一般认为，银河系周围的矮星系产生得比较早，它们是宇宙诞生之初的第一代恒星，保持着最纯朴、最原始的状态，它们是星系演化的活化石，也正因为如此，人们才努力寻找它们，试图揭示宇宙诞生之初的更多信息。因此，在银河系发现的贫金属元素的恒星，可能表明它们并不是土生土长的，而是来自外界，也就是说，这些贫金属恒星可能来自银河系以外的矮星系。

矮星系包含的恒星为什么会出现在银河系，这样就揭示了一个惊天的秘密，这表明，银河系一直在吞噬周围的那些矮星系，这就是弱肉强食，银河系凭借着自己强大的引力把它们吸收过来了，被它吸收的矮星系早已经无影无踪，矮星系的成员进入到银河系银晕里面，这些贫金属恒星告诉我们：当年曾经发生过毛骨悚然的吞噬案件。

恒星流正在演示吞噬过程

银河系银晕里面的贫金属恒星告诉我们，它们不属于银晕，它们是矮星系的成员，它们还告诉我们，银河系本来没有今天这么大，它是通过吞噬周围的矮星系不断壮大自己的，它是在不断地吞噬中长大的。

这种吞噬同类的罪名是严重的，必须要有确实的证据。幸好，今日的银河系还有某些不正常的行为告诉我们，它确实很残暴，吞噬的事件现在正在发生。

在人马座方向，科学家发现有很多恒星，从人马座矮椭圆星系奔涌而出，构成恒星流，宛如一串巨大的恒星项链，环绕在银河系周围。它的跨度超过100万光年，包含了大约1亿颗恒星。这表明，这些排队奔向银河系的星流原来属于人马座矮椭圆星系。人马座矮椭圆星系是个小星系，成员较少，尽管它努力挣扎，但还是扛不住银河系巨大的引力，银河系巨大的引力扯碎了它们，让它们奔向银河系。最终，星流会在银河系的外围停止前进，它们会在银晕的外围安家，银晕的外围是它们的栖息之地。

目前，科学家已经发现了十四条这样的恒星流，它们都是从银

河系附近的矮星系被吸引来的，这表明，与银河系这个富人俱乐部为伍，并不是一件快乐的事情，稍有不慎就会被吞噬。

计算机演示宇宙诞生初期，在银河系的附近，诞生了大量的矮星系，它们围绕着银河系运行，就像是行星环绕着恒星运行那样。但是现在，只能找到很少的一部分矮星系，要找到只有几千颗恒星的矮星系更是困难重重，它们太暗淡了，它们在最初形成的时候，个头就不大，光芒也就不亮。又因为聚集的数量太少，就更无法与群星璀璨的银河系争辉了。但是，科学家确信它们确实存在，找不到它们，科学家只能埋怨自己的望远镜不够先进。这样的恒星流给了它们解释，也许，找不到的那些矮星系都成为了银河系的腹中之物。

最初的银河系，只不过是个很一般的小星系，随着时间的流逝，它越长越大，长大的原因就是它在不断地吞噬周围的矮星系，银河系正是在不断吞噬中长大的。

11

超级凤凰星系团和
浴火重生的恒星

巨无霸的凤凰星系团

2012年，科学家发现了一个超级星系团，当之无愧地超级，它至少包含有上千个星系，还包含着巨量的气体和恒星物质，相当于太阳的25000亿倍。它距离我们57亿光年，是目前发现的宇宙中最大的天体集群之一，科学家们还没见过这么大的星系集团。在这个集团内，有一个中央星系，这个中央星系也是当前发现的最大星系，在这里，还有黑洞，这里的黑洞也是最大的黑洞，这就是超级凤凰星系团。

凤凰星系团打破了若干个宇宙天体观测记录，它的出现让天文学家吓了一跳，他们该好好考虑一下，怎么会有这么庞大的星系集团。超级凤凰星团位于南天的凤凰星座，这并不是说它在这个星座内，这个星座的恒星都在银河系内，只不过在凤凰座那个方向而已，实际上它在这个星座后方很远的地方，在遥远的宇宙边缘。

让它得到凤凰星系团这个美名的并不是因为它在凤凰星座，或者形状像凤凰，在这里有很多恒星正在诞生，它们是在迅速冷却的高温中诞生的，这让科学家想到了凤凰涅槃的古老传说。传说凤凰背负着人类社会的仇恨和恩怨，这种鸟每隔五百年，就要投身于熊熊烈火中自焚，它以自己生命的终结换取人世间的幸福和美满，在肉体经受了巨大的痛苦之后，它还会再一次得到原来美丽的身躯，也就是浴火重生。科学家发现，这里的恒星也在经历这样的场景，于是，他们赋予它超级凤凰星系团这个美名。

最冷的天文台发现高温气体

一般天文台都建设在高山上，但是，美国国家科学基金会却选择把一座天文台建设在南极，一架大型的口径10米的望远镜就建造在地球上最寒冷的地方，这里的天文观测条件比高山上还要优越，大气宁静度高，水汽少。这不是一台光学望远镜，它是亚毫米波望远镜，它在这最冷的地方探测来自于宇宙微弱的热信号，希望能够寻找到极其暗弱的难以发现的星系和星系团，观察结果有助于宇宙学家发现星团是如何演化的。

这个建造在南极的天文台，当然主要观测南方的星空，它没有让科学家失望，2010年，南方星空的凤凰超级星系团被这台望远镜观测到，当这个奇怪的超大星系团被发现的消息传开的时候，位于智利的双子座南站天文台对其进行了详细观测，为了进一步计算凤凰超级星团恒星形成的速率，美国国家航空航天局广域红外空间望远镜和星系演化探测器，以及隶属于欧洲空间局的赫歇尔空间望远镜，也都把目标对准了它进行观测。这些望远镜在不同的波段下观测了这个惊人的目标。

参与观测的还有在太空中的钱德拉X射线天文望远镜，它从X波段证明，那里的温度确实很高，是一个高温气体库。虽然在光学望远镜中无法得出这样的结论，但是在钱德拉X射线天文望远镜的视野中，它们就呈现了本来的高温面目，也正是这种高温，导致它们发射出猛烈的X射线。纵观星空，它是现在已经知道的最

强烈的 X 射线源。是这些强烈的 X 射线源吸引了天文学家的目光，他们在琢磨：那里究竟在发生着什么？

科学家发现，虽然凤凰超级星系团有着极高的温度，但是，高温只是暂时的现象，这些物质温度正在以极快的速度降下来，降温的速度是目前已经发现最快的。等到它们温度降到一定的时候，就可以诞生恒星了，恒星就需要在不太高的温度下才能诞生。

但这是让人无法理解的，按理来说，当初星系团形成的时候，那些恒星也应该一起诞生出来，此后在很长的时间内，那里应该一直是平静的，恒星没有大规模的出生，也没有大规模的死亡。但是这里的情况却打破了常规，一大批恒星正在诞生。

它们形成的速率是那么快，我们完全可以说，这里是恒星孵化场，而且是超高速的恒星孵化场，恒星宝宝在这里大规模地诞生。这里每年大概会有750颗恒星形成，这是第一高产的恒星孵

化场，把第二名远远地抛在后面，因为第二高产地的速度只有它的五分之一。

随着大批新恒星的诞生，这里也就像是凤凰涅槃那样迎来了第二次青春。

黑洞调控恒星的诞生

在遥远的时代，这个星系团刚刚诞生的时候，大批恒星一起诞生了，诞生的新恒星组成了凤凰超星系团。但是，那些炽热的物质在哪里？为什么它们当初没有能够形成恒星，等到现在才有条件出生。科学家认为，这完全是黑洞决定的，这里的黑洞是巨无霸，比别处的黑洞要大得多，在这里扮演了上帝的角色，它就像是计划生育委员会的主任那样，采取独特的手段，控制了恒星的出生率。

黑洞是宇宙中质量极大的星体，它们巨大的质量产生了巨大的引力，几乎可以吞噬周围的一切物质。但是这仅仅是过去几十年对黑洞的认识，现在人们知道，黑洞并不是那么可怕，它还是很人性的，虽然它吞噬了物质，但也会把吃掉的再吐出来，只是吐出来的不是物质，而是能量。

在几十亿年前，这里是黑洞统治的时代，黑洞的能量活动非常大，它们狂暴地向周围空间喷吐能量，让这里的尘埃云拥有极高的温度，在这样的高温下，恒星无法形成。现在，英仙座星系团就是这样，中心黑洞产生的喷流注射进星云中，由此产生了高温，高温让恒星无法形成。

凤凰超星系团的中心区域却不是这样，这里的高温正在快速冷却，这正是恒星大批量产生的大好时机。科学家猜测，也许这仅仅是暂时的，要不了多久，黑洞还会重新喷发，那时候，它会把炽热的粒子注射进入气体云，于是，温度就会提升，恒星诞生的高峰期也就结束了，恒星孵化场也就废弃了。

黑洞就是一个上帝，利用它的高温喷流，调控着这里的恒星出生的时机。现在它停止了喷流，让温度降下来，让凤凰星系团中的恒星大规模地诞生，这就是凤凰涅槃，这就是浴火重生。

凤凰超星系团是一个很特别的巨大星系团，该发现提供了首个实例，证明了该星系团中的气体的确正在冷却，过去在别的地方，并没有发现星系团物质快速冷却。它的出现，将会给科学家很好的启示，让他们重新考虑星系的演化问题。

12

最遥远的引力透镜

当遥远的星光射向我们的时候，假若有一个东西在星星与我们之间，这个东西就会挡住星光，我们就啥也看不见。这种简单的逻辑在遭受着挑战，相对论告诉我们，中间的物体不仅不会遮挡住星光，反而会让星光更加明亮，中间的物体具有强大的引力，能把星光弯曲，把弯曲过的星光呈现在我们面前，就像是一个放大镜那样，这就是引力透镜现象。现在，已经发现了很多引力透镜现象，它让我们看到了宇宙深处的神奇景观，这让天文学家大开眼界，有利于研究最遥远宇宙深处的情况。

2013年10月，国际天文学家团体发现了一个最遥远的引力透镜，当然，这不是一个物体与一个发光的星球那么简单，它们都具有极大的质量，跟我们的地球处于同一条直线上，中间起到透镜作用的是一个巨大的星系，具有强大的引力，远处被放大的目标是一个年轻的星系，它们处在同一条直线上，这需要极高的精准度，必

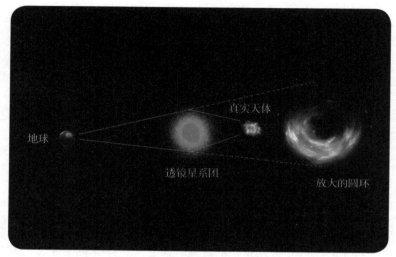

引力透镜爱因斯坦环示意图

须在一条直线上，于是，这个引力透镜出现了极为罕见的景观，远处的年轻星系呈现出一个圆环，被称为爱因斯坦环。

　　一般的引力透镜不可能完全在一条直线上，因而会出现各种各样的景观，远处的目标天体通常都是一段段的圆弧，或者是两个虚像，也有可能是四个虚像，但是这个引力透镜出现了一个圆环，遥远的目标天体被弯曲成为一个圆环，镶嵌在透镜天体的周边，这是极其罕见的引力透镜现象。

　　这个引力透镜名为 J1000+0221，发现的过程充满了曲折，它的发现者是一个德国人，他在检查一些照片的时候，发现这个星系有些不同寻常，很明显，它不是那种典型的旋涡星系，而是一个不规则星系。但是，它的各种特性却显示，它年轻得很，也就是说，它

LRG 3-757强引力透镜造成的爱因斯坦环

可能处于遥远的地方，那里是宇宙的边缘，星体正在诞生，所以它才显得年轻。

　　发现者比较了其他大型望远镜拍摄的照片之后，开始产生了进一步的怀疑，他怀疑，这是引力透镜造成的效应。在做了进一步的分析之后，结果就很清晰了：遥远的背景星系和透镜星系就在一条视线上，这是一个完美的爱因斯坦环。于是，J1000+0221也就成为了当前已经知道的最遥远的引力透镜。

飞跑的运动员

　　宇宙是从大爆炸中来的，大爆炸的碎片在飞速扩散，飞到最前面的就是宇宙的边缘，边缘的星体我们看不到，但是，通过引力透镜，我们就看到了宇宙边缘的景观。

那里究竟有多远？用距离这个词汇已经没有意义，就如同一个飞快奔跑着离开我们的运动员，在我们说他距离我们有多远这句话的时候，他又跑出了一段距离。所以我们在说他距离我们有多远时，还要加上速度这个概念。在我们谈大尺度的宇宙这个问题的时候，也是这样，使用距离已经不合适，因为它们也在飞速扩散。

离开我们而去的天体发出的光线的光谱会发生变化，光谱会向红光方向移动，这就是红移，观测红移得出的红移值，就可以知道天体距离我们有多远，红移值这个词集合了距离和速度这两个概念，也因而知道了它飞跑的速度。

利用这一点就可以知道J1000+0221距离我们有多远。在这个引力透镜中，透镜天体的红移是1.53，距离我们有92亿光年远，也就是说光需要走92亿光年才能来到我们这里。目标天体当然更遥远，它的红移值是3.417，相当于距离我们119亿光年，那里是宇宙的尽头。由此可以知道，遥远目标天体的光经过透镜天体的放大，又走了92亿光年远的路程，才来到我们地球。目标天体就相当于飞跑的运动员，在宇宙的边缘，还在往外跑。

引力透镜是一杆秤

1979年，天文学家首次发现了引力透镜现象，到现在已经发现了很多，它们不仅让我们看到了遥远之处的景观，还有着更重要的作用，它们可以当作是一杆秤，可以测量天体的质量。

　　透镜天体能够把光线弯曲，从光线弯曲的程度，就可以大概知道透镜天体的质量，如果它产生的虚像是分散的，那么从分散的程度也可以估计出透镜天体的质量。另外，宇宙中还存在着看不见的暗物质，虽然看不见，但是它会导致周围空间的弯曲，造成引力透镜现象，所以，引力透镜也是寻找暗物质的一种方法。当然，在找到暗物质的时候，也能从光线的弯曲程度知道暗物质的质量。

哈勃拍摄的最遥远引力透镜 J1000+0221

13

宇宙的繁华都市
与不毛空间

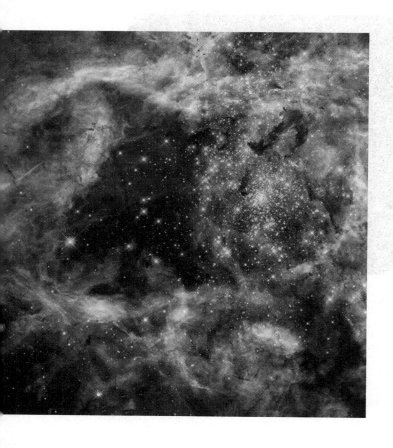

星体的社会普查

远古时代，人们对宇宙结构的认识处于十分幼稚的状态，他们通常按照自己的生活环境对宇宙的构造作推测。在中国西周时期，生活在中华大地上的人们提出了盖天说，认为天像锅盖那样盖着大地。到了汉朝，天文学家张衡提出一种新说法，认为大地就像是一个圆球那样迎着气体漂浮在虚空中，这已经很接近今天地球这个概念。

今天我们不仅知道我们的大地其实就是一个球，还知道地球跟其他八大行星一起组成太阳系，我们的太阳系在银河系的边缘，围绕着银河系运转，银河系的直径有十万光年。我们还知道，尽管银河系有着接近四千亿颗恒星，但它也只是浩瀚宇宙中一个普通的星系，银河系与周围的四十几个星系与另一个庞大的仙女座星系一起构成本星系群，其重心位于银河系和仙女座星系中间的某处。本星系群中的全部星系覆盖一块直径大约300万光年的区域，本星系群又属于范围更大的室女座超星系团。

这样看来，宇宙就像是人类社会，一个人总是感到寂寞，于是他就要寻找同类，很多人组合在一起，就构成了村镇，更多的人口组合在一起就构成了城市，由于气候适合居住，很多城市都建造在一块地区，于是就构成了城市群，比城市群更大一级的组织就是国家。

宇宙天体确实也存在着这种倾向，喜欢聚集在一起构成更大的团体。但是，这是在我们银河系附近小范围内的情况，在宇宙的更大尺度上，是否也是这样呢？于是，科学家决定做一个星体的人口普查，看看宇宙天体的基本情况，它们的社会结构是什么样的。

2000年斯隆数字巡天计划开始了，它是使用美国新墨西哥州的2.5米口径望远镜进行的红移巡天项目，这是一台口径不大的望远镜，但它的主要目的不是看清楚天体，而是要做一次大规模的天体人口普查。计划观测25%的天空，获取超过一百万个天体的光谱数据。斯隆数字巡天关注恒星、星系、超新星、类星体等，进而研究宇宙的大尺度结构。

做这样天体普查工作的，还有即将开始工作的中国郭守敬望远镜及一些天文卫星，在这一系列巡天观测中，它们获得的数据可以帮助人们更好地了解宇宙的大尺度结构。看看宇宙的结构是什么样子的，它们是否也像我们人类社会那样。

星体存在着人种聚集倾向

在星体家族中，存在着不同的种类，那些脉冲星、恒星、行星、红矮星都是宇宙中不同种类的成员，它们在一起没有单独组群的习惯，而是共同生活在一个星系中，它们相当于一个城市的不同职业者。但在更大一级的天体系统中，就有这种不同种类聚集的现象存在。这种更高级的天体当然就是星系级别的天体。

2012年8月，美国科学家宣布，他们发现了迄今为止最大的星系团集群，因为它出现在凤凰星座，所以被称为凤凰星系团集群。这个星系集群距离地球大约57亿光年。不仅超级凤凰星系团本身巨大，它内部所包含的中央星系也是目前观测到的最大质量同类天体。这是当前发现的最大的星体结构，它们一起组合成星系部落。

类星体也是庞大的星体结构，目前对它的结构认识还不清楚，但是已经知道，它是星系一级的大天体，虽然赶不上星系的质量大，但是发射出来的能量要比星系高得多。现代天文学家发现，类星体也有这种爱好，喜欢成群地聚集在一起。

类星体不像星系那样在我们的周边，它们一般在宇宙边缘，距离我们很远的地方，很多个类星体聚集在一起被称为大型类星体群组，英文简称LQG，一个典型的LQG的长度约为16亿光年。1982年发现一个5人集团，5个聚集在一起的类星体。1991年发现34人集团，1996年发现十几个这样的集团，而且每个集团的成员也是十几个。类星体集团就是这样不停地被发现，到2001年的时候，发现38人集团。但是2013年1月，所有的纪录都被打破，英国科学家宣布，他们发现了73人集团，由73个类星体构成的大集团，这是迄今发现的最大的宇宙结构。这个巨大的宇宙结构，最窄尺寸为14亿光年，最宽尺寸为40亿光年。可是，宇宙的尺度也只有137亿光年，它居然占据了宇宙尺度的三分之一。

宇宙中的大质量星体，除了星系和类星体之外，还有黑洞。黑洞是由质量足够大的恒星在核反应之后燃料耗尽而死亡的星体，虽然个头谁也说不清，但是黑洞质量非常大，它产生的引力场非常强，以至于任何物质和辐射都无法从黑洞逃逸，就连光也逃逸不出来。黑洞基本不反射光，看上去漆黑一团，故名为黑洞，黑洞也是

星系一级的天体。

2007年，几台地面和空间望远镜相结合，美国天文学家们成功地观测到了上千个质量非常大的黑洞，每一个黑洞的质量都是太阳的几亿倍到几十亿倍，这个庞大的黑洞集团位于牧夫星座，距离地球大约60亿至110亿光年。

星系、类星体和黑洞是宇宙中最重要的成员，也是质量最大的三个成员，现有的这些发现都表明，在宇宙大尺度结构上，居然都有群居的习惯，都喜欢建立起来自己的庞大部落，类似人类的社会结构。

宇宙的不毛之地

1989年，天文学家从星系地图上发现了一个由星系构成的条带状结构，看上去很显眼，就像是一条不规则的薄带子，天文学家们形象地称呼它为"长城"。2003年，斯隆数字巡天通过对1/4片天空中的100万个星系进行测绘，发布了第三版宇宙的地图。从这幅图上，人们再一次发现了这种巨大无比的由星系组成的"长城"，这就是斯隆长城。宇宙的这种长城结构也有人称它是宇宙纤维，也有人称呼它们是宇宙栅栏。

在2006年7月，日本科学家也宣布，发现了由三条宇宙长城结构组合的宇宙结构，他们利用日本的昴星团望远镜发现，三道长城结构相互交错。也正在这个当时已经知道的最大宇宙结构中，进一步发现了长城以外的结构，于是，宇宙大空洞出现了。

在这个结构上，科学家发现，星系组成的长城就是边界，边界的内部是巨大的空洞，空洞有33个，每个空洞的直径可以达到十万光年。

直径十万光年的大空洞并不稀奇，其实这种宇宙的大空洞在很早就被发现了，1981年就发现了牧夫座空洞，在摩羯座，也有一个大空洞，估计直径是2.3亿光年。到了1994年就已经发现了20多个大空洞。这些大空洞是科学家无法理解的，他们以为，宇宙本来应该处处充满了星体，但是有关大空洞的各种新发现，不断打破原有的理论。到了2007年，科学家发现了更大的大空洞，这个大空洞位于波江座，距离我们60到100亿光年的地方，它实在是太大了，长达10亿光年，这是当前知道的最大空洞。

威尔金森微波各向异性探测器和大型射电望远镜都证明了它的存在，这些宇宙空洞不存在星体物质，也不存在看不见的暗物质，科学家不知道它们是怎么形成的。

在地球上，除了城市乡村之外，都是无人居住的地方，那些深山老林，那些沙漠和海洋都是没有人居住的地方，这些宇宙大空洞也就如同无人居住区，如同我们现实中的沙漠和海洋，都是一些不毛之地。

但是，宇宙的不毛之地和地球上的不毛之地有着本质上的巨大区别，我们居住的是一个平面，宇宙则是一个三维的空间，有着上下左右的区分，所以这些大空洞不是不毛之地，这是不毛的空间。

14

宇宙长得啥模样

公众的困惑

2003年10月，一个新的宇宙学说开始流行，提出这个学说的是纽约和巴黎的一些天文学家，这些研究人员认为，宇宙是有限的，是由曲线状的五边形拼接在一起，构成一个球体。就像是一个足球那样，这是一种简洁明了的描述，使人一下子很容易理解。它一出现，立刻到处传播，于是公众知道了，宇宙长得像足球，也让足球迷们好一阵开心。

时间还没有过去半年，在2004年4月，又有一种宇宙论开始出现。这种理论的提出者名字叫做弗兰克·斯坦，他的家乡在德国的乌尔姆，所以他与爱因斯坦是老乡，不知道是不是因为这个原因，他的理论也开始到处传播。他与他的同事研究认为，宇宙是弯曲的，它弯曲的方式极其奇特，它的一端过于狭窄，但是却无限延长，另一端开口，但是体积有限。据说他们的理论很好地解释了实际的观测情况，并且受到所有量子理论的支持。有人把这种弯曲的宇宙称为漏斗，于是，公众们又一次听说，宇宙长得像漏斗。

倘若这样的宇宙论就这样流传下去，那也可以，可是，弗兰克·斯坦的弯曲宇宙论在传播的过程中，出现了许多变种。一端无限延长，另一端体积有限，这个简单的描述又被理解成喇叭，宇宙喇叭论也开始像喇叭那样四处宣扬，公众们再一次听到一种论调，我们的宇宙长得像喇叭。

不论宇宙长得像喇叭，还是像漏斗，它们的特性基本上一样，但是，前不久，又有一种更加奇怪的新说法出现了，又有媒体说宇宙是三角形的，三角论的解释说，宇宙长得就像是巴黎埃菲尔铁塔，塔尖部分无限延长，塔底却是有限的。可以看出，这种论调属于弯曲宇宙论，还是弗兰克·斯坦提出的那种学说。

宇宙长得啥模样，早就有了很多理论，但是现在这些理论跟它们有着巨大的区别，以前那些理论对宇宙的描述都十分晦涩难懂，那些争论仅仅局限于学者之间，公众们对此几乎是一窍不通。但是现在不同了，这四个理论都用一种简洁明了的语言对宇宙作了解释。宇宙长得啥模样，这个问题开始与公众结合在一起，他们在讨论的时候，忽然发现了这么多的版本，他们也开始糊涂了，不知道该听谁的。

风从哪里来

对于宇宙长得啥模样这个问题，过去曾有过无数的猜测，自从天体物理学诞生之后，人们对这个问题的思索开始步入了一个科学的轨道。按照现代天文学的基本观测事实，人们认为宇宙起源于大爆炸，大爆炸留下了宇宙微波背景辐射，探索宇宙微波背景辐射将有助于我们揭开宇宙的许多秘密。

于是前两年，一位叫韦尔金森宇宙微波各向异性的探测器被发射出去，它带给我们许多有关宇宙的信息，广泛分析了这些资料之后，就诞生了宇宙足球论这个学说，这种学说发表在权威的英国《自然》杂志上。它用一种极其通俗的方法把宇宙描述成足球，这也就是它能够得以迅速传播的根本原因。

但是，这个学说有着自己的缺点，还有许多观测到的基本事实它无法解释清楚。也正是因为这个原因，导致了宇宙弯曲理论的出现，弯曲理论遭受到的质疑比足球论受到的质疑还大。所以它没有能够在正规的权威学术杂志上发表。美国《新科学家》杂志对这个学说作了介绍，并且用一种非常简洁的方法把这种宇宙论描述成漏斗。也许正是因为没有权威的学术杂志对它进行介绍，所以它在传播的过程中就改变了模样，又出现了喇叭论和三角论这两个变种的说法。

　　当然，这也仅仅是这股风形成的根源，它之所以能够迅速传播，还有另外的原因，这个原因就是那些媒体。那些媒体对各种学说的理论水平并没有辨别的能力，他们追求新奇的东西，他们需要把新奇的东西介绍给读者，他们又不愿意重复别人固有的说法，于是一个弯曲宇宙论就被改造成了三个版本，可以说，媒体在这些学说的传播中起到了非常重要的作用。

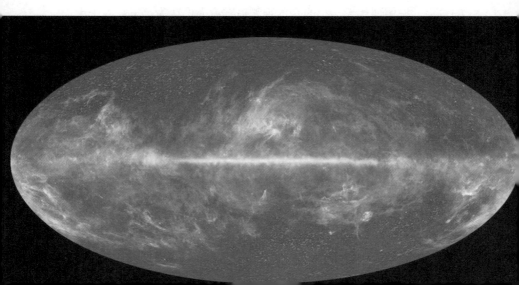

宇宙究竟像个啥

宇宙长得啥模样，在过去的几十年里，这个问题已经有了无数个版本，科普杂志有无数的文章对这个问题进行解释，每一种学说基本上都来源于理论前沿的那些科学家，《科学美国人》就很喜欢探讨这个问题，不仅它的作者是科学家，他的读者也有很多人是科学家，这个杂志每登载出一篇讲解宇宙结构的文章，立刻就会受到一些读者的批评，批评者说，现在的宇宙理论根本就是瞎猜。根本就是瞎猜，这种观点可以代表很多人对这个问题的态度。

宇宙长得啥模样，是最令人感兴趣的问题，各种理论层出不穷，稀奇古怪的说法不仅今天有，明天还会出现的更多。它们是对还是错，根本就没办法来检验。

人类在夸耀自己拥有了飞上太空的能力，也在夸耀着认识到了许多原子世界的秘密，但是当我们对宇宙的了解越来越多的时候，也就越来越认识到，自己的能力实在是太微不足道了，对于宇宙长得啥模样这个问题，可能永远也得不到终极答案。

15

宇宙的脉搏

10^0秒，也就是一秒钟，一个人的脉搏可以跳动一次，脉搏跳动的快慢，可以表示一个人的健康状况。脉搏的本身既是运动的含义，又是时间的含义。宇宙万事万物运动的规律都可以使用脉搏这个词来描述。

生物的尸体在微生物的参与下，变成微量元素后，又可以参与下一轮生命的形成。这种生命的轮回现象构成了自然界生生不息的脉搏，它是一种运动的表现。这种运动，从大的方面来说，也存在于宇宙天体中，小的方面来说，存在于微观粒子中。而且，它也同样存在于社会形态中。从遥远的宇宙天体到简单的单细胞生命，它们在这个宇宙中都有自己特有的运动规律，宇宙两个字含义的本身，就包含着时间和空间的双重含义。

量子世界的脉搏

古希腊一位哲学家认为，组成物质的最小颗粒是原子，这个观点经过两千多年后，终于被证实。在以后的30多年里，原子核结构模型被建立起来。自然界中有92种元素，连同人工建造的元素加起来，有118种。

原子也并非不可分割，组成原子的粒子有三种，分别叫做中子、质子、电子。纷繁复杂的物质原来是由这三种微小的东西组成的，世界一下子变得简单了，物理学家在欢庆他们的胜利。但是好景不长，他们又陆续发现了许多更小的粒子。有十几种轻子、几十种介子、几十种重子和超子，以及它们的多种共振态。微观世界变得极为复杂起来。物理学家又开始糊涂了，他们还是搞不清世界的本原是什么。终于又有人提出夸克模型，认为这些粒子都是由夸克组成的，于是，物质世界又变得简单起来。

许多人开始怀疑了，这样由复杂到简单，再由简单到复杂的循环过程，什么时候才能完，微观物理学家的话还可信吗？实际上，微观物理学处处都让人感到难以捉摸。

我们知道，电子围绕着原子核运转，它运转一圈所需要的时间为 10^{-16} 秒，这样就在原子核周围形成电子云，对于一个确切的时间来说，我们无法说清电子会出现在什么地方。

我们可以清楚地看到一个物体，那是因为物体反射太阳的光子，具体地说，是那个物体反射的光子进入了我们的眼睛，电子在轨道上围绕着原子核运转，它的质量实在太小了，一个光子的碰撞完全可以使它的轨道发生改变。这样，量子理论就变得无法理解，因为不借助光子，我们无法直接看到一个粒子，更没有办法捉住它，宏观世界的因果关系完全不适用。我们无法预计一个粒子的行为，只能用一种概率性来说它最有可能出现在什么地方。

掷骰子将会产生一种无法预计的后果，如果本不存在的上帝去掷骰子，那后果一定是更加无法理解的事情，爱因斯坦就气冲冲地说："上帝不掷骰子，如果是这样的话，我宁愿去作一个修鞋匠，也不作物理学家。"

用于科学研究的最短的激光脉冲周期是 10^{-15} 秒，被称为飞秒激光，激光既是一种粒子，又是一种波，它是脉动最基本的特性。

当围绕原子核运转的电子受到激发时，它可以发出一个光子，这样就维护了它的平衡状态，这个过程需要 10^{-8} 秒。电子还可以从不断涨落的真空中借到能量，超过壁垒，出现在另一个地方，这就是隧道效应。同样，组成原子核的中子和质子也会发生这种现象，它们之间的结合能十分强大，由于隧道效应，它们可以跑出来，从而造成放射性现象。原子核就是这样放射出射线，变成了别的元素。

在看似虚无的空间里，微观粒子不断发生着真空涨落，它们不断产生，又不断消失。每一种粒子都有它的反粒子，当它们相遇时，就一同湮灭，这个过程是 10^{-20} 秒。在微观世界里，虽然有的粒子的寿命长达10亿年，但是，最短的粒子寿命却只有 10^{-23} 秒，它是目前已知最短时间的极限。与人的脉搏相比，它实在短得无法理解。量子空间当然也是小的极限，它的大小为 10^{-19} 米，这也就是一

个夸克的大小。而原子核，则存在于 10^{-14} 米的空间里。当两个原子核结合之后，它们会释放出一个中子，这个过程是 10^{-14} 秒。

生命的脉搏

　　地球在它逐渐演化的过程中，渐渐出现了生命这种特别的现象，如果从量子的角度追究生命的本质，就会发现，那不过是碳、氢、氧三种基本元素的组合。对于生命来说，水是一种最基本的存在条件。水分子是由一个氧原子和两个氢原子通过化学键组成的，这样，它就可以与周围的环境相互交换物质，它处于振动过程中，两个水分子的氢氧基交换能量的时间为 10^{-19} 秒。水分子这样不停地交换能量，才使生命得以存活，不管是最简单的单细胞生命还是最复杂的人类，都离不开这个简单的过程，这是生命最基本的脉搏。

　　生物体内的许多化学反应都是建立在这个基础上的，它们一般

所需要的时间是10^{-13}秒。动物和人的神经细胞传递两个信号的时间间隔是10^{-3}秒，在这个过程之前，乙酰胆碱酯酶在一些肌肉细胞内降解乙酰胆碱所用的时间是10^{-5}秒，它是我们身体反应速度最快的一种酶，它使肌肉做好接受信息的准备。在神经元之间传播信号时，依赖于钙离子或者钾离子的流动，这个过程需要10^{-6}秒。人体最长的神经纤维有10^{0}米，也就是1米。舌头的味蕾细胞分析食物所用的时间是10^{-1}秒。生命是由蛋白质组成的，400个氨基酸一个一个地组装起来，也就是核糖体制造一个蛋白质所用的时间是10^{1}秒。由细胞组成的生命大厦就是这样建造起来的。但是，生物的寿命却有长有短，寿命最短的昆虫是浮游成虫，它只能活10^{5}秒，也就是28个小时。寿命最长的树木却能活10^{11}秒，相当于3172年，在这么长的时间内，如果有人在以每秒一颗的速度数星星的话，那么他勉强可以数完银河系的恒星。

　　生命都存在着一个最基本的特征，那就是可以繁殖，最简单

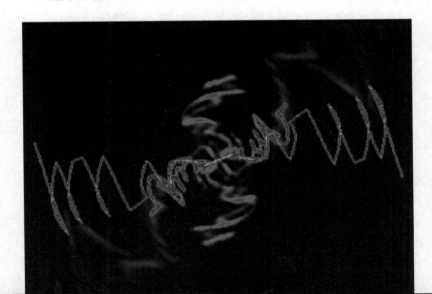

的生命是单细胞藻类，就是这种最简单的生命，也有自身细胞的复制过程，在 10^{-8} 米范围内，我们可以看到 DNA 的分子结构，它是生命遗传物质的记录者，由于它的参与，才使"种瓜得瓜，种豆得豆"成为可能。

DNA 是一种双螺旋的链状结构，这种结构的本身，就使人想起生命的脉动特征。它由四个碱基对组成，生命的遗传密码就是由这四种碱基对按照一定的排列组合决定的。它们可以处理大量的信息。复杂的生命是由简单的细胞组成的，细胞的大小约为 10^{-5} 米，它首先组成生命体的各个系统，各个系统完成生命的各种功能。细胞实际上是各种各样分子机器的复合体，结构极其精妙。

像牛这样的生物，体内有一种特有的消化酶，消化酶通过断裂氨基酸之间的化学键，使蛋白质分解，这个分解过程，需要 10^{-2} 秒，这样，不同的蛋白质都可以被消化掉，转化为能够被自身吸收的另一种蛋白质，牛就是通过一系列蛋白质转化过程，把草变成了奶。现代化的化工厂，管道林立，各种催化剂代替了生物酶，但是，不管它的工艺如何先进，它都没有办法把草转化成奶。也正是因为生命的分子尺度是恢宏神奇的，所以人们才花费大量的精力去研究纳米技术。

1 纳米是 10^{-10} 米，相当于一个糖分子或者十个氢原子排列在一起的大小。纳米技术是在 10^{-8} 米范围内研究分子的结构，这种微小的结构可以组成更大的结构，在越小越好的口号下，人们发现，依据科学研究创造出来的宏观机器，远远赶不上生物体内固有的分子机器的精妙。实际上，人们的很多所谓的先进发明，都早已存在于生物系统内，不论是 DNA 的转录结构，还是叶绿体收集光子转化成化学能的过程，都堪称精打细算组织严密的典范，与宏观机器的蛮干有着根本的区别。一万赫兹声波的一个振动周期是 10^{-4} 秒，耳朵这种复杂的机器就能很容易地接收到这样的声波。

生物体内分子机器的不停运动，是生命的最基本的脉搏，它宣告着生命各组织系统的运行良好，进食、消化、吸收之后再给生命提供能量，就可以让生命有力气活动，这一切活动的最基础单元就是细胞。细胞的寿命远远短于人的寿命，人的一生要经过许许多多老细胞的死亡和新细胞的诞生，这是生命组织的一种新陈代谢，在 10^4 秒的时间范围内，也就是 2 小时 46 分钟 40 秒，人体大概要更新 2500 亿个细胞。

如果把地球的历史比做一天的话，那么人类就是最后一秒才出现的，地球上出现生命的时刻，是宇宙最有意义的一次脉动。500 万年前，人类开始在地球上出现，人类和类人猿开始分化，人的四肢和头脑逐渐进化得灵活起来。一些人类学家认为，300 万年前在非洲猿人颅骨的印记可以证明他们的大脑已经具备语言的能力，但是，还不十分完善。这个时间距今 10^{-14} 秒。200 万年前，可以真正称之为人的能人出现了，他们具有直立行走的能力。直到 10 万年前，具有智慧的猿人才开始出现，他们被称为智人，也就是现代意义上的人类。但是，他们依然没有文明，作为文明的首要标志是文字的出现，这个时刻大概发生在 4000 年前。从此，在地球上，人越来越显示出他的重要性,他们可以把知识通过文字代代相传。人类利用这些知识,在不断改造客观世界的同时,又学到了更多的知识,在与自然的较量中,逐渐认识了科学。

自然的脉搏

现代科学已经证明,太阳系诞生于46亿年前,随着它一同诞生的,还有我们的地球,地球在46亿年间,有着激烈的脉搏运动,那就是一系列的造山运动和地下岩浆喷发。在地球形成不久,岩石中的水分在炙热的阳光照射下,逐渐渗出来,形成了海洋。与此同时,岩石中的二氧化碳也被烘烤出来,逐渐形成了大气层。海洋里的水分被太阳蒸发到天上,变成了云,带有正电荷的云和带有负电荷的云在空中相遇,于是就有了电闪雷鸣,闪电照射下的海洋里开

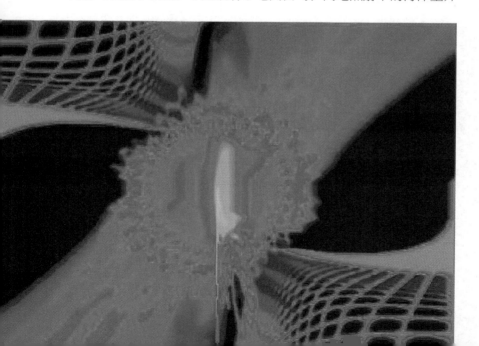

始出现了简单的有机分子，大分子也缓慢登场。

在距今10^{17}秒时，细菌开始出现，它们的基因在进化的过程中，选择了适合自己的发展方向，出现了各种各样的生命。植物呼入二氧化碳，放出氧气，这个过程就是光合作用，它所需要的时间是10^{-12}秒。氧气又被动物吸入，放出二氧化碳。这种生命的相互依存关系使我们的地球变成了一个欣欣向荣的美丽星球。

以后，地球在发展的过程中，并非一帆风顺，它经历了重重磨难，天外陨石的轰击，激烈的火山运动，每一次都给地球上的生命以毁灭性的打击。但是，正是这样一次次的打击，使地球上的生命变得更加顽强，生命也正是在一次一次的毁灭中，由海洋发展到陆地。两栖动物产生了，飞翔的动物也产生了，6500万年前，恐龙灭绝了，但是哺乳动物却开始崛起。最后，逐渐出现了猿人。

地球在星际演化过程中，虽然遭受到来自太空的小行星和宇宙高能射线的袭击，却完好地保持住了生命，与当初跟它从太阳系星云中一同诞生的金星和火星相比，它是一个幸运者，地球今日的面貌，是它与生命相互融合又相互斗争的结果。是天体在演化过程中的物理化学平衡态。即使在今天，这种演化过程依然没有结束。

远古的地球上只有一块大陆，以后分化出七块大陆，现在，这七块大陆也还在运动着。台湾和欧亚大陆原来是连在一起的，由于地形变化，才与祖国大陆隔海相望，台湾与大陆之间的距离在不断地拉近，10^7 秒，台湾和大陆可以接近 2.5 厘米。在一系列地质构造运动中，原来是海洋的喜马拉雅山还在不停地升高。海洋也在发生着巨大的变化，海里的珊瑚是一种海洋生物，温度和养分的适宜，导致它们大量繁殖，它们死后的尸体聚集在一起，在经过至少 10^{12} 秒后，可以浮出水面，形成一个珊瑚礁。河流和雨水与激烈的火山运动一起也在改变着地球的面貌，这些地球表面沧海桑田的变化，就是自然的脉搏。

天体的脉搏

地球作为一个天体，它也有着自己的脉搏。在地层内部，物质是以炙热的岩浆形式存在的，在地球板块不断的运动中，它们会发生断裂，地下的岩浆就会从断裂处喷射出来，那就是火山爆发，这种现象与地震一样，就是地球脉搏的运动，这种现象在海底也有发生。

地球的直径是 10^7 米，而月球围绕地球运转的轨道是 10^9 米，也正是月球的不停绕转，才产生了月食现象。同样，地球也在围绕太阳运转，这样就产生了白天黑夜。在 10^{14} 米范围内，可以清楚地看到冥王星的完整轨道，一般认为，在这个尺度上，也就是太阳系的范围。但是现在人们发现，在冥王星的外侧，还有柯伊伯带，柯伊伯带是太阳系形成后留下的残余物。1951 年，美国天文学家柯伊伯预言了它们的存在，1992 年，柯伊伯带的第一个天体才被发现，它存在于距太阳 44 天文单位处。从此，也就证明冥王星以外，并不是空荡荡的。柯伊伯带之路也就越走越宽，2008 年，太阳系新的法律已经颁布，九大行星变成八大行星，冥王星被剔除，它与柯伊伯带的几个大天体阋神星和鸟神星平起平坐，并且跟小行星带的谷神星一起成为矮行星家族的成员。

地球上万物生长的能量来源于太阳上的热核反应，四个氢原子聚变成一个氦原子，这种反应是不平稳的，在太阳可见的发光表面，物质经常处于激烈的沸腾状态，色球层之外的日冕活动可以高达 20 倍太阳直径。太阳在它的年轻时代，活动更加激烈，充分显示出它旺盛的脉搏。不仅如此，太阳的活动还有多个周期，比如 11 年的黑子周期，在黑子出现的时候，大量的带电离子被它吹出，称为太阳风，以每秒 250 千米到 2000 千米的速度，飞向太阳的外围。太阳风在远达 150 天文单位处，与其他恒星吹出的星风汇合，这里被称为日球的边缘，这才是太阳系真正的边缘。

太阳在热核反应时，会发出中微子流，但是，这些中微子数量远远达不到理论数量，2001 年，人们终于发现，太阳发射出的中微子在向外的运动中，变成了另一种中微子，这个转变过程所需要的时间极短，只有 10^{-11} 秒。太阳在进行热核反应时，还会产生光子，一个光子从太阳的中心到达太阳的表面所需要的时间是 10^{14} 秒，然后这个光子又用了 8 分钟时间到达地球。

在远古的星空中，彗星就像一个个幽灵一样神出鬼没，没有人知道它们从哪里来，现在我们知道，它们的老家在离太阳远达几万天文单位的地方，那里被称为奥尔特云，在 10^{16} 米尺度，可以清楚地分辨出它的大小，奥尔特云是一个包围着太阳系的圆球，住着难以计数的彗星。

2001 年，人们发现了宇宙中的一个奇观，狮子座的一颗年老恒星 IRC+10216 周围，被一大团水蒸气包围，在光学望远镜里，它是一颗不亮的天体，但是，在亚毫米望远镜看来，它却是全天最亮的天体之一，这说明，在它的周围，存在着大量的水汽。这颗恒星是一个爆发过的红巨星，这些水汽就是原来围绕着它的彗星云，它们被蒸发了，才出现这样的一幕。太阳已经存在了 50 亿年，以后它也要经过这样的过程，那一天，地球上的所有物质都会被蒸发成蒸汽，木星的轨道也会被向外推移，地球上的生命会随之烟消云散。作为一颗恒星，太阳的寿命就基本结束了。不要为地球生命的灭亡而悲叹，也不要为太阳的熄灭而伤感，它只是一颗普普通通的恒星。

与太阳最近的恒星在 10^{17} 米的数量级上，南门二距离太阳4.3

光年，当我们乘坐光束宇宙飞船去考察的时候，飞船需要10^8秒才能到达。在10^{18}米范围内，可以清楚地看到太阳周围的恒星，十分明亮的天狼星就与太阳并肩排列。

在辽阔的宇宙中，存在着许多奇怪的天体，用肉眼我们是难以看到它们的，但是，通过一些其他方法，我们知道了它们的存在。脉冲星不停地发射着电脉冲，它的脉冲时间极短，只有0.03秒到4.3秒。一般理论认为，当一个质量很大的天体演化到最后，它的体积将会迅速压缩到很小，于是，它就变成了密度极高的中子星，脉冲星就是具有很强磁场而又高速自转的中子星。

脉冲星是超新星爆发的残骸，超新星爆发的时候，它的气体在高速膨胀着，这个气体膨胀过程需要经过10^{10}秒才能结束。当爆发的云烟散尽，就留下来脉冲星，它对外发射的能量来自于高速旋转产生的自转能。它的存在不仅可以证明恒星的演化理论，还使我们直观地看到了一个天体的脉搏，它像灯塔那样扫过广漠的空间。

恒星的一生由于形成时质量的不同，就会有不同的演化结果。它们演化到末期，比太阳大的会形成中子星，它的密度极高，比这更大的恒星，在演化到最后，就会产生黑洞，正像它的名字一样，所有进入它的引力范围的物质统统被它吸入，同时放射出强烈的无线电波，在银河系的中心，已经确认了这种天体的存在。

我们所能看到的所有恒星都处在银河系内，共分成88个星座，存在于10^{19}米范围内，这也就是银河系的大小。它的直径有8万光年，银河系中约有一千亿颗恒星，夏天的夜里，我们仰望星空，看到的一条白带就是银河系，它的中心在人马座内，那里有许多密集的星团，它是许多恒星的集团，有些呈球状，有些是疏散的结构，用小型望远镜可以分辨出来。有些白斑是一团稀疏的星际云，它们是即将形成的恒星原料。如果我们站在 10^{21} 米远处，就可以看到银河系的全貌。如果能看到太阳的话，我们会发现它距离银河系的中心为 28000 光年，在猎户座旋臂上围绕着银河系的中心旋转。从银河系这个悬臂的结构，我们可以清楚地看到银河系运动的特征，它非常明确地表明了大天体系统的脉搏。

不仅银河系如此，几乎所有的星系都有一种旋臂结构，从侧面看上去，它们具有一种椭圆形结构，1926 年，哈勃按星系的结构把它们分为椭圆星系、旋涡星系和不规则星系三种类型。仙女座大星云就是一个在北半球唯一用肉眼可以看到的河外星系，它距离我们

293万光年。在大型望远镜拍摄的照片上，我们可以看到它还有两个伴星系 M32 和 M110。实际上，所有的星系都像这样结成团伙，这种结构叫做星系团，银河系和它周围的40多个星系一起构成本星系团，这个系统包括仙女座星系三星系，还有大小麦哲伦双重星系等。

比星系团更大的结构一般叫做超星系团，室女座超星系团就很有名，因为它的结构庞大得让我们难以想象，许多天体都向它的方向飞去，被称为南向天体流。它的大小达三亿光年，一束光线需要 10^{16} 秒才能穿过整个室女座超星系团，它的尺度达到 10^{24} 米。

维系各系统天体运行的基本规律就是万有引力，不管多么大的天体系统，都遵守着这一最基本的运行原理，就如同交通规则一样。它们偶尔也有违反交通规则的时候，当它们的距离靠得太近的时候，就会发生相撞事故，在一般情况下，两个星系的碰撞不会产生激烈的后果，因为星系中天体之间的距离很远，它们碰撞的机会很小。但是，碰撞的机会还是有的，哈勃望远镜就观察到斯提芬五重星系的碰撞，它们抛出由数不清的恒星组成的卷须状物，证明这里发生过天体之间激烈的搏杀。

时空的脉搏

宇宙是否有生命？没有人能回答这个问题，我们一般认为，宇宙就应该是无边无际、无始无终的，但是种种迹象都表明，宇宙不是这样的。

广漠的空间不仅有众多的天体，还有它们释放出来的各种宇宙射线，真空并不是空的，在这里不断地发生着量子涨落，真空中可以存在瞬间粒子，它们不断地产生，又不断地消失，零点能推动粒子运动，粒子运动又不断地产生零点能，真空就像能量之海，不停地脉动着。它构成了空间的脉搏，也构成了时间的脉搏。这些粒子的寿命只有10^{-20}秒。这是量子物理学家研究的课题。也正是这些物理学家回答了宇宙的终极问题。

依据他们的解释，宇宙是有起点的，它诞生于距现在137亿年前，那时候，它是一个像原子那么大的圆点，在10~43秒的短暂时间内，它突然发生了暴涨，物质不断地从这个时空的奇点中产生出来，它们主要以氢、氦为主，宇宙只是一片混浊，呈现出量子状态。根据多宇宙理论，这个大爆炸还可能产生其他的大爆炸，随后的大爆炸又产生其他的宇宙，那是一些与我们的宇宙平行的其他宇宙。它们是在宇宙大爆炸之后10^{-17}秒的时间段产生的。那些平行的宇宙在何处，我们还没办法找到，我们只知道自己所处的这个宇宙。

最初的大爆炸经过了10^{13}秒，宇宙开始变得透明，光子从空间中扩散开来。斯隆观测组已经宣称，他们看到了宇宙边缘的第一缕曙光。在一些局部密度不均匀处，由于粒子间的万有引力，两种最基本的元素开始逐渐靠拢成团，形成星球。从最初的气体云和星际尘埃凝结开始，直到形成一颗恒星，大概需要10^{15}秒。

经过137亿年，它就变成了现在这个样子，现在，它还在膨胀着。宇宙在完成膨胀过程后，还会有一个塌缩过程，这个过程何时发生，还要取决于宇宙中的物质总量。最后，宇宙会变得寂暗无光。这就是宇宙的末日。对于这个学说，许多人嗤之以鼻，他们会问："难道我们的桌椅板凳，我们的老婆孩子都是从那个一点点的原子里产生出来的？在大爆炸以前，那个原子为什么会存在于那个地方？"

确实，这是一个难以回答的问题，也是这个理论最要命的弱点，无数人都试图对它做出解释，却总不能让人满意。但是，现代天文观测都证明，这个理论是正确的。支持它的有三大支柱，即宇宙微波背景辐射，元素丰度，星系的退行速度。现在，对星系和星系际云的结构与运动的研究，逐渐产生出支持宇宙大爆炸论的又一支柱，宇宙大爆炸的微波背景辐射涨落的痕迹，也出现在长达几亿光年的大尺度内。这样，宇宙大爆炸论就有了四大支柱。

天文学家研究的是空间无比广阔的整个宇宙，可是他们始终无法说清宇宙长得什么样，宇宙从哪里来。现在却由那些研究微观世界的量子物理学家揭开了宇宙的面纱，提出了各方面都符合观测结果的宇宙模型，这多少让天文学家感到无奈。但是他们实在没有办法推翻这个学说，谁要想推翻它，他就首先要推翻这四根理论观测支柱。那么我们现有的物理学体系，将要发生面目全非的变化。

宇宙大尺寸达到137亿光年，维持这么庞大空间的最主要的法律准绳是万有引力，所有的天体都要遵守引力安排的秩序。量子空间的最小尺度是10^{-33}厘米，维持这个世界的法律准绳是三种力，那

史蒂芬五个星系的相撞

就是电磁力、强相互作用力和弱相互作用力。但是，在宇宙大爆炸的时候，这四种力是统一的，是不分彼此的，大爆炸后 10^{-9} 秒，在这么短的时间内，这四种原来统一的力完全分开，才有了今天的局面。爱因斯坦就想把宇宙间的四种力统一起来，建立起他的大统一场论，但爱因斯坦始终没有成功。霍金也接过了这个接力棒，当他的《时间简史》一书出版时，万物的终极理论似乎离我们不远了，尽管什么弦理论、膜理论让人摸不着头脑，但是，他所研究的课题毕竟是人们始终关心的宇宙终极问题。宇宙真的像霍金所言，是从一个坚果中爆炸出来的吗？以人类的智慧而言，这可能是一个永无答案的问题。

宇宙与人

人类在这个星球上出现以后，就一刻不停地向宇宙证明着自己的能力，种植作物，填海造田。自从驾驭科学这个工具后，人类更是一刻不停地向宇宙证明着自己与其他生物的不同。

现在，我们可以看到的最远距离是137亿光年，这既是距离的极限，也是时间的极限，宇宙在它的演化过程中，产生出许许多多的奇迹，但是，宇宙产生出的最伟大的奇迹，就是诞生了人类，人的头脑就是宇宙制造出的最复杂的机器，由于他对周围环境的好奇，他运用自己的智力不断地探索着宇宙的种种秘密。其中之一就是，宇宙究竟长啥样，为此，人们不停地向望远镜的极限提出挑战。

现在，全波天文学的各种望远镜都已经建立起来，它们使用红外线、紫外线、X光、伽马射线等不同波段观测宇宙，让我们看到了高能的宇宙，看到了宇宙各级天体的死亡与诞生，充分认识了这个宇宙物质与能量的转化与统一。

在大型望远镜的帮助下，天文学家发现了许多目前我们还无法理解的天体结构，近十年来，人们发现了星系长城、宇宙大空洞、星系的薄片状、室女座的南向天体流以及纤维丝宇宙结构等。现在，空间望远镜已使人们的目光达到宇宙的深处，10^{25}米是十亿光年的范围，在这么大的尺度内，可以发现宇宙中的星系群在一个圆的范围内呈扇状对称分布。这种分布符合大爆炸理论。而类星体的高红移不断对我们的视野提出更高的要求，它在那远达百亿光年的地方，也就是10^{26}米的地方。这也就是我们所知的宇宙边缘。它所发出的能量显示，它是星系一级的天体。

人类一直不停地在探索宇宙的终极秘密，那就是宇宙为什么会存在，人们已经认识到，如果我们能制造一台模仿宇宙大爆炸的机器，产生出极高的能量，那么我们就可以知道宇宙的所有秘密。这样的机器就是大型强子对撞机，它坐落于法国与瑞士边界附近地下深处，拥有29千米长的地下环形隧道。就是在这里，诞生了粒子物理学最重大的发现。2012年7月4日，欧洲原子中心宣布发现新亚原子粒子，它就是被称为上帝粒子的希格斯粒子，它就像是一个幽灵，附在物质的身上，让物质拥有了质量，它过去一直徘徊在物理学家的视野之外。它的发现，将有望改变现有的物理学体系，宇宙大厦的理论基石需要重新修改。

科学家正在研究纳米机器的自复制功能，这些机器可以利用周围的环境，复制自己。现在，这种技术已经初露曙光，可以预计，它的实现是毋庸置疑的。然后把它们送上外星球，这些机器到了其他星球，还会利用那里的元素建造起自身，然后把它们自身的复制品送往其他星球，这样，很快，宇宙中就会到处充满着这种机器生命。到那时，宇宙中将会处处充满着人类文明的痕迹。

不仅如此，科学家还抛弃了DNA形式的生命，创造出一种全新的XNA全新生命，利用XNA，科学家可以在实验室创造全新的生命，它具备了脱氧核糖核酸与核糖核酸的所有特性，被称为异种核酸。

从地球上出现最初的细菌进化到人类，所需要的时间是10^{17}秒。如果我们仔细考察人类的文明史，就会发现，这一切都来源于电子的发现，也正是由于对它的发现和应用，才产生了具有现代意义的工业文明，现在，我们又进入到知识经济的时代。

人类的科技文明也仅仅有一百多年的历史，在这么短的时间内，科学技术突飞猛进。人类不停地用他们的智慧改造着地球的面貌，如果回顾人类的历史，基本可以确认，量子理论能够代表人类科学的最高成就，在对微观世界的不断探索中，使人类认识到宇宙的结构，同时，也产生出另一个副产品——曙光初现的纳米技术。

漫天飞舞的人造卫星不仅支持着信息技术的高速发展，也宣告着航天时代的来临，人类开始跨出了摇篮，10^3秒，也就是16分钟，航天飞机发射后只用这个时间的一半，也就是8分钟就可以进入轨道。人类已经挣脱了万有引力的束缚，先驱者10号飞出了太阳系。这一切都是人类本能的必然扩展。互联网已使地球变成了一个村庄，10^0秒，我们可以登录一个网站，与远在地球另一边的熟人交谈，从那浩如烟海的资料库中检索自己需要的东西。10^{-15}秒，也就是一千万亿分之一秒，2011年出现的大型计算机可以完成一个基本指令。它可以模拟很多高能物理现象，还可以用于航天、能源、人类基因、纳米和气候方面的研究。超快速照相机可以记录子弹穿过一个苹果的景象，它的频闪闪光周期是10^{-7}秒。

10^6秒，现代的工业和车辆要向大气层释放3亿吨二氧化碳。现在，人类正在想办法减少环境的污染。人类已经认识到，自身的发展不应是一个自我毁灭的过程，过去的许多教训，都给我们带来了难忘的记忆。从黄河之所以黄的成因，到南极的臭氧空洞，到2013年北京久久不散的雾霾天气，它们的出现给我们深刻的反思。于是，人类社会的科学技术也变得越来越理智起来，采取各种经济和技术的手段，避免地球家园的毁灭。因为人是这宇宙中一种最不寻常的生物，这种生物会穷其所有的能力，探求宇宙的奥秘。

2003年，威尔金森各向异性微波探测器告诉我们，宇宙的年龄是137亿年，如果把宇宙的年龄浓缩为一年的话，在这一年最后一天的最后一秒，人类才出现，必须注意的是，出现的仅仅是地球人类。

我们不知道，宇宙中是否还有其他智慧生物，如果有的话，他们也一定和我们一样，深切关注着周围的一切，关注着宇宙的每一次脉搏！

16

M 地球与 M 矮星

M 地球与 M 矮星是一对搭档

1995 年年底，瑞士天文学家梅厄发现了第一颗太阳系以外的行星，这就是飞马座 51b。在此之前，寻找日外行星的工作仅仅是理论上的讨论，从来没有一点进展，很多人以为这仅仅是偶然，但事实却不是这样，仅仅几个月之后，美国的研究团体也宣布，他们找到了另外两颗日外行星，从此之后，日外行星开始一颗颗地出现在天文学家的视野里。

发现了很多日外行星之后，统计显示，这些行星绝大多数体积过大，明显是一些气体球，就像是木星那样，不适合我们生存。我们要寻找的是一些像地球这样大小的行星，它们拥有岩石表面，还要有水，于是，M 地球计划就出现了。

哈佛－史密森尼研究中心组建了 M 地球计划项目组，该计划的牵头人是戴维·夏邦诺，他们使用 40 厘米口径的小型地面望远镜搜索 M 地球，这种望远镜仅比一般天文爱好者的望远镜高级一点，但是这些小望远镜可以组成阵列，就能收到不错的效果。当然他们看不到行星，他们只能看到 M 矮星。

与寻找 M 地球相对应，还需要寻找 M 矮星，这是一种不正常的恒星，它们是恒星家族的二等公民，当初形成的时候，它们没有得到足够的物质，没能成为正常的恒星，其质量不高于太阳的 60%，不仅个头小，发光能力也弱得很，其温度不高于 4000 摄氏度。它们属于红色的主序星。这样的矮星数量极多，在我们太阳 30

光年的范围内，就发现了250颗 M 型矮星，这有很大的好处，将来移民的时候，可以更容易地到达那里。

M 矮星的行星也有特点，它们一般距离矮星不是太远，就在矮星的身边，尽管矮星发出的光芒很有限，但已经足够行星孕育生命所需。因为行星距离矮星太近，它们一般处于引力锁定状态，也就没有自转，这也造成另一种奇迹，那就是生活在那里的人们，可能永远生活在白天，而见不到黑夜来临。但这样并不影响居住，要想找到跟我们地球一样昼夜分明的行星那是很不容易的。在这样的行星上，不同地区间温度有很大的差异，其中包含着我们生活的温度，这样的地区可能只存在于某一个地理纬度区域。

尽管这种行星跟我们的地球还存在着较大差距，但这是无奈的事实，找到跟我们地球一模一样的行星太困难了，M 地球计划就是寻找地外家园的初级任务，它们都是我们未来家园的候选者。

M 地球就居住在 M 矮星的身边，要想找到 M 地球，首先要找到 M 矮星，M 矮星与 M 地球是一对很好的搭配，它们就是我们未来家园的模式。

两种方法寻找 M 地球

当月球遮住了太阳的时候，太阳的光芒就暗淡了，这就是日食，一颗天体遮挡住另一颗天体，这种现象还有另外一个名字叫做凌星，凌星这种叫法更具有普遍性。寻找太阳系以外的行星，凌星是一种重要的方法。当行星从恒星面前经过的时候，它导致恒星光芒变暗淡，过不了多久，恒星又会再次增亮，恒星变暗和增亮的过程具有明显的周期性，这就告诉我们，行星正从恒星的面前经过。

M 地球计划使用的小望远镜无法看到行星从恒星的身边走过，即使是在太空工作的开普勒望远镜也没有这种能力，但是望远镜却可以证明行星存在。开普勒望远镜从 2009 年开始，就监视着十万多颗近距离的 M 矮星，它主要观测当一颗行星从恒星身边经过的时候，恒星亮度的变化，发生凌星的时候，恒星的亮度会变暗，变暗的幅度大约是原来亮度的万分之一。根据具体变化是多少，就可以知道行星的大概体积，进一步得知它的质量。

除了凌星之外，发现行星还有另外一种方法，那就是观察恒星是否在跳摇摆舞。行星在围绕着恒星运行的时候，也会产生对恒星的引力，让恒星出现左右摇摆，虽然 M 矮星质量不大，但是 M 地球的质量也不大，两者没有多大差距，这就让行星在环绕恒星运转

观测日外行星的白天示意图

的时候，发生更大的摇摆，从而更容易寻找他们。这种引力关系也提供了它们之间的质量关系，可以较为方便地确定行星的质量。

　　M 矮星和 M 地球在一起，不仅摇摆幅度大，当行星从矮星面前经过的时候，还有另一个好处，它会让矮星的光芒变化更加明显，这也有利于寻找它们。M 地球计划负责人戴维·夏邦诺认为：比起更大的恒星来说，在这些相对较小的，而且比较暗弱的恒星周围寻找较小的凌星行星会更加容易。

观测 M 地球的白天光谱

　　现在，找到一颗 M 地球类型的行星并不难，难的是我们怎么知道它是否适合生命存在，这就完全依靠光谱研究了，研究光谱可以知道行星大气层的气体成分。

　　目前，已经找到一些 M 地球，也知道了它们大气层的一些基本情况，比较让人感兴趣的行星是 GJ1214b，它是 M 地球计划小组使用40厘米的望远镜在2009年发现的。

　　GJ1214b 的质量是地球的6.5倍，直径是地球的2.7倍。知道这两个数据之后，就可以知道它的密度，很显然它的密度比不上地球，它的密度介于气体行星和岩石行星之间。这让夏邦诺和他的发现者意识到，这有两种可能，一种可能是：它有个较小的岩石核心，外加一个巨大的含氢气的大气层，而且氢的含量很大。另一种可能是：它有一个较大的核心，核心外侧包裹着深水海洋，再外加一个富含水汽的大气层。

于是，天文学家开始了一次竞赛，研究它的大气层究竟是什么结构，如果排除了含氢气较多这种可能之后，那么就可以肯定，它的大气层主要成分是水。

　　2012年，GJ1214b 发生凌星的时候哈勃太空望远镜观测了它，但是没有什么结果。2013年，当 GJ1214b 发生凌星的时候，日本科学家使用斯巴鲁望远镜也研究了这颗行星，发现它的光谱在大范围波长上毫无特色，这表示这颗行星的浓密大气有水蒸气。而且还证明，水是大气层的主要成分。

　　尽管已经初步证明它是一个大水球，但是我们也不要太高兴，那里的温度实在是太高了，这颗行星约由75%的水和25%的岩石构成，以200万千米的距离每隔38小时进入一颗红矮星的轨道。距离恒星太近了，这使它的温度高达230摄氏度，所以那里的水都已经沸腾了，是以气体形式存在的。

　　观测凌星现象能给我们带来行星大气层的信息，但是，夏邦诺和他的团体有着更深刻的认识，他们意识到，还有另外一种方式可以帮助了解行星的大气层，那就是观测行星的白天。

　　日外行星也该反射 M 矮星的光芒，当它们从矮星身边经过的时候，我们看到的是行星的黑夜，它的白天，也就是能够反射恒星光芒的一面我们看不到。但是，当它将要进入到恒星后面的时候，就与恒星站成一排，这时候它与我们的距离远于恒星，等于站在恒星的后面，恒星还没有遮住它的时候，我们看到的就是它的白天，行星的白天面对着地球，还有一个机会，那就是当它从恒星背面即

将转出来的时候，它也在反射恒星的光芒，把恒星的光芒反射向地球。在 M 地球公转的一个周期内，这是两个重要的时刻，这时候也就是研究它光谱的大好时机。

恒星的光芒经过行星的反射，折向地球，通过在不同波段来观察，再与恒星的光比较，就可以知道这颗行星的大气层包含哪些化学元素。

夏邦诺已经观测到其他行星上的白天，他认为，观测行星上的白天是一种研究行星大气结构的辅助手段。

M 地球计划的终极目标

M 地球计划负责人夏邦诺说，他们的目标是2000颗红矮星，这些矮星并不需要他们去寻找，大型望远镜早就告诉了他们，他们的工作是利用一个小型地面望远镜阵列来观测这些矮星。看它们是否有行星，是否有 M 地球。寻找 M 地球这种工作也只是初期的，对于确定下来的 M 地球，下一步是要确定它们是否适合生命的存在。

首先，就要验证那里是否有合适的大气层，那里是否有水，这一些都需要借助光谱分析技术。GJ1214b 距离恒星太近了，导致230多摄氏度的高温，水已经被高温蒸发了，虽然有水也有大气层，却不适合生命的存在。一般来说，温度在一两千摄氏度的行星上，大气层中的绝大多数碳会跟氧结合成为一氧化碳，真正值得研究的是那些温度低于一千摄氏度的行星，这里的碳会跟氧结合形成甲烷，甲烷是生命存在的信号，另外，三个氧原子组成的臭氧也是生命存在的重要信号。

　　现在，找到一颗既有岩石陆地，又有水的行星就很不容易了，要想找到像地球这样既有氧气又有二氧化碳，符合我们要求的行星，看来还有很远的道路需要走。在未来的十几年，詹姆斯·韦伯太空望远镜将于2018年升空，巨型麦哲伦望远镜也正在建造，它们会帮助我们找到更多的岩石行星，伴随着光谱分析技术的进步，真正适合地球生命生活的星球就要出现了。

17

到微观世界中
去寻找上帝

上帝在微观世界里

据说牛顿在家乡的苹果园内躺着的时候，恰好一个苹果掉下来落到了他的头上，他因此开始思考为什么苹果会落下来，这个思考的结果是：地球和苹果之间有引力，地球上任何两个物体之间都存在着引力，这就是万有引力。万有引力不仅存在于地球上，还存在于太阳系，也存在于银河系，现在大型天文望远镜的观测证明，就连遥远的星系也同样遵守万有引力定律。

据说因此做出很大成就的牛顿后来改行了，他不研究科学了，他开始去寻找上帝了，他认为上帝实在是太伟大了，是上帝创造了这个世界的所有定律。这个想法也存在于所有人的头脑中，我们也一直想寻找到上帝，让他告诉我们这个世界之所以缤纷多彩的原因，告诉我们宇宙、时空还有物质的关系。为此，人们研究天体的运行，研究河外星系，研究最遥远的宇宙深处的景象，试图从那里找到有关问题的答案。

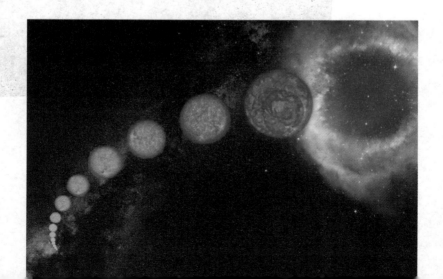

其实上帝并不存在于宏大的宇宙中，他却存在于微观世界中，微观世界的一切要比宏观世界复杂得多，就连研究宏大宇宙的天文学家，也要借助微观世界的理论来解释他们看到的现象，在微观世界中，包含着太多的秘密，那里才是上帝的居所，上帝在那里统治着宇宙，维持着宇宙的一切秩序。

上帝派来的两个使者

牛顿的时代，是对宏观世界认识大发展的时代，到了20世纪，科学的发展开始向微观世界挺进，一个个新发现开始出现在人们的眼前，人们从微观世界中还真的找到了一些规律，那就是化学元素周期表，但是元素周期表也仅仅是说明了化学元素排列的有关规律，它不能揭示这个世界的本源问题，在寻找上帝的道路上，它让人们走到一个死胡同中去了。

在研究元素周期表的同时，人们也知道了，原子是微小世界的基本颗粒，卢瑟福因此建立了原子的模型，这个假说被证实了，物质是由原子组成的，原子核是组成原子的主要成分，在它的外围，还有一层电子，电子围绕着原子核运行，那么原子核是由什么组成的呢，答案很快出来了，原子核是由带正电的质子和不带电的中子组成的，中子和质子牢牢地抱在一起，它们组成原子核。但这也带来个问题，为什么质子能够相安无事地结合在一起？要知道它们都是带正电荷的啊！这个问题真的让人很困惑，让质子结合在一起的不是引力，这一点十分清楚，因为引力没有那么强大，让质子结合

在一起的也不是电磁力，电磁力也没有那么强大，于是科学家们意识到，这是一种目前我们还不了解的力，这就是强相互作用力。强相互作用力只能存在于原子核的内部，离开了原子核这个小小的范围，它也就失效了。这是上帝派来的一个使者，是它在维持微观世界的持续。

但是很快，人们发现，强相互作用力统治的微观世界出了一些问题，它的意志并不能占据绝对的统治地位，虽然它力图把这个世界的所有成员紧紧地约束在一起，但还是会有些微小的粒子从原子核里面释放出来，这就是原子核的放射性，放射出来的粒子可以摆脱原子核的束缚，自由地跑出来。这给强相互作用力带来了一丝危机，似乎这个上帝的使者统治的世界还有一个反对者，这个反对者和它共同统治着这个微小的世界，这个反对者就是另一种力，它就是弱相互作用力，是它让原子核内部发生了裂变，并让裂变产生出来的微粒跑出来，摆脱强相互作用力的统治。

于是，人们开始知道了，在原子核这么狭小的世界内，不仅存在着强相互作用力，还存在着弱相互作用力，它们就像是一对冤家，共同维持着这个世界的秩序，这就是上帝派来的两个使者，寻找到这两个使者，距离上帝开始变得近了一大步，上帝仿佛就在前面，再往下追寻，随时可以看到上帝的影子。

不合作的魔鬼撒旦

仅仅有两个使者，就能协调好微观世界的秩序？上帝统治的微观世界就是这么简单吗？绝对不是这么简单，微观世界的一切非常复杂，复杂得难以想象，随后人们发现的微观世界的粒子越来越多，迄今已经知道的有数百种。不仅如此，它们的运动状态也很复杂，有多种的自旋，有多种的共振态，这些新发现又让科学家糊涂了，他们无法从这些复杂的情况中找到一丝规律，他们也意识到，在这场寻找上帝的道路上还有太远的路途要走。

经过无数科学家的奋斗，还是给前途渺茫的路途找到了一丝希望的线索，他们在研究这些基本粒子的时候开始发现，宇宙中的所有物质都是由一种叫做费米子的小不点构成的，它是宇宙的基石，也是宇宙的砖块。与此同时，他们也把基本粒子规划出另一个群

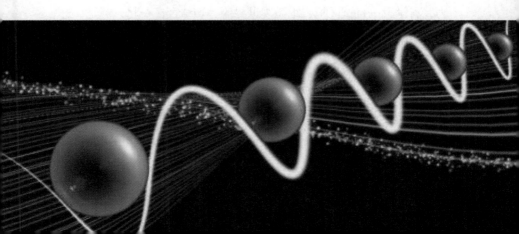

体，这个群体就是玻色子，玻色子是宇宙的混凝土，是它让宇宙的基石牢牢地集合在一起，原来宇宙的规则就这么简单。于是，他们建立起来了标准模型，给看起来千奇百怪的微观粒子划分了种类，这个标准模型基本上让人满意，这似乎已经给上帝的模样画出了一个大概的轮廓，事情到了这种地步，似乎可以宣称我们找到了上帝，但是，情况要复杂得多，还有更多的曲折道路需要走，还有很多的事实跟这个理论相抵触。

标准模型只是把电磁力和强相互作用力以及弱相互作用力结合在一起，它们不能解释引力的有关问题，引力是宏大世界的作用力，科学家一直试图把它跟微观世界的一切结合在一起，但是，这却是一个很难解决的问题，科学家预言的那种引力子找不到。另一个问题也同样来自于引力，科学家发现，支持星系间强大引力作用的物质不够多，这里面应该有暗物质在作怪，是它们提供了额外的引力，才使宇宙得以运行下去，这种暗物质很可能就是一种十分奇特的微观粒子，它不属于标准模型里面的成分。于是，引力就成为最难以解决的问题，它就像是魔鬼撒旦那样，横在我们的面前，让我们找不到上帝。

描述上帝的最终模样

在这寻找上帝的运动中，最先做出成就的应该是麦克斯韦，是他把电力和磁力统一在了一起，此二者合在一起称为电磁力。爱因斯坦也做出了努力，这位建立了广义相对论和狭义相对论的大科学家，虽然建立了宏观世界的统一，却无法建立微观世界的统一，他在试图建立一个将引力、电磁力、强相互作用力和弱相互作用力四种自然界的基本力统一的工作中，宣告失败。

在这方面，无数的科学家都付出了努力，但是，能够揭示自然界秘密的终极理论还是无法找到，上帝总是用面纱掩藏着自己的真面目。最近几十年，一种新的理论正在朝着这个方向努力，那就是弦理论，它似乎让我们看到了一丝希望。

在追寻微观世界的最基本单元的时候，人们总是认为最小的东西是一个点，也就是一个粒子，但是，弦理论却完全改变了我们对微观物质的认识，它告诉我们微观世界的最小单位可能是一段弦，就像是橡皮筋那样，它们的不断抖动，才塑造出来我们这个多彩的世界，包括宇宙万物，包括锅碗瓢盆，当然更包括微观世界各种各样粒子的运动状态。弦理论可以解释微观世界的多种作用力，当然它也有个弱点，那就是它也解释不了引力是怎么回事。虽然如此，也不妨碍弦理论的进步性，弦理论还正处在发展的阶段，目前形形

色色的弦理论诞生了，它们正在努力拼搏，试图解释万物的规律。

标准模型只是让我们看到了微观世界的和谐和统一，弦理论让我们看到了微观世界和宏观宇宙的统一，按照弦理论的揭示，宇宙是十一维的，我们的宇宙包括三维空间和一维时间，是四维空间。现在人们发现，弦理论似乎能够更好地解释宇宙，它能更好地把宏观世界和微观世界统一起来，兼顾的理论才符合我们寻找上帝的要求，只有这样的描述才符合上帝真实的面孔。

于是，对宇宙终极理论的追求开始转向了微观世界，量子对撞机的规模越建越大，人们开始向微观世界进军，去寻找上帝，建立起了一种包罗万象的理论，将庞大的宇宙与微观世界统一起来。

上帝存在于极其微小的普朗克世界里，等到找到他的时候，我们人类也就进入到超级文明的阶段，成为宇宙的精英阶层。

18

宇宙蛇的秘密

古老和现代的宇宙蛇

在古老的埃及文化中，它们的世界观认为，宇宙是由两条蛇控制的，一条象征着正义，一条象征着邪恶，白天和黑夜就是它们之间相互斗争呈现给我们的景观。在非洲东海岸，也有一个民族树立了相似的宇宙观，它们认为宇宙就是一条蛇围绕的世界，人就住在这个世界里面。其实，很多民族的宇宙观都紧密地跟蛇联系在一起，这种既是邪恶的，也是高尚的动物总是让人感到十分敬畏，它主宰着宇宙的命运，它也同时代表着宇宙的神秘。

尽管古老的世界观正在遭受着现代科学的严峻挑战，尽管宇宙并不仅仅是白天黑夜那么简单，但是，用蛇来代表宇宙的想法也受到了现代宇宙学家的青睐，从某一点上来说，宇宙真的像一条蛇那样神秘莫测。

科学家一直在追寻物质世界的最小结构，古希腊的一位学者认为，物质的最小结构是原子，20世纪，人们终于证明了原子的存在，但是现在知道，原子也不是物质世界的最小结构，当它遭受到能量轰击的时候也是可以分裂的，分裂出来的更小的结构是基本粒子，电子对撞机的出现让我们认识了更多的基本粒子，它们的运动状态是非常奇怪而又让人难以理解的，这就是量子物理学的研究范畴。

人们也在追溯，追溯物质世界最大的结构是什么，当望远镜出现之后，人们知道了我们的地球是在太阳系内，太阳带着八大行星一起在更大结构的银河系内运行，而宽度高达8亿光年的银河系也只不过是宇宙中的一个小沙粒，它存在于更大的本星系团内，而本星系团则存在于本超星系团内。

当物质世界的最大结构和最小结构逐渐明朗的时候，人们想利用一种简捷的方法来描述这个过程，为了便于人们理解空间的概念，人们设计了一种阶梯方式，从最微小的量子世界一步步地向上升级，每个数量级是上一个空间大小的十倍，这个是1米，下一个就是10米，这样一直追溯到最大的宇宙，也就是我们知道的137亿光年的空间。这个过程被描述成一条蛇，这条蛇蜷缩成圆形，头部代表最大的宇宙，尾部代表最小的空间，它的嘴里咬着自己的尾巴，这样最大的宇宙就和最小的量子世界紧密地联系到了一起，宇宙空间就被描述成一条宇宙蛇，一条现代的宇宙蛇，一条非常形象的符合科普观念的宇宙蛇。

利用这条宇宙蛇来研究空间的结构，人们发现，它存在着很多秘密，这些秘密昭示着宇宙的神奇。

宇宙蛇神秘的环节

在大自然中，组成生命的基本成分是分子，一个分子是多大？爱因斯坦曾经做过一个实验，把糖放入到一杯水里面，它的测量结果表明，糖分子的直径是10^{-9}米，也就是1纳米，糖分子的直径可以代表很多分子的直径，它们基本上都是1纳米。

地球上生命的存在几乎都离不开太阳，太阳每时每刻都在发生着热核反应，热核反应产生出来的热量就使我们看到光芒万丈的太阳，它是一个炽热的火球，给了地球生命生长的机会，现在人们知道，太阳的直径是 10^9 米。

　　似乎是宇宙不经意间创造出来的偶然，一个是 10^{-9} 米，一个是 10^9 米，而这二者都跟我们人类联系在一起。这还并不是太让我们感到惊奇的，更让我们感到惊奇的是我们地球人类正好处于这二者的数量级之间。

　　人的高度一般是在 2 米以内，在这里被算作是 1 米，也就是 10^0 米，这个数量级正好横跨太阳和分子大小之间。在这两者之间进化出来最复杂的人类绝非偶然，如果人的个头太小，那么我们的头

脑将得不到足够的神经细胞来发育自己的智慧，如果我们的个头太高，那么自身的体重也会很大，体重将会把自己的骨头压碎，从而不适应在这个星球上生存。

人类介于太阳和分子数量级大小之间成了宇宙蛇身段中很神秘的一件事情，但是，这个事件并不是偶然的，在宇宙蛇的其他身段上，我们也可以找到很多具有相互联系的神秘环节。

人们一直在追溯宇宙的大小，现在威尔金森微波各向异性探测卫星告诉我们这个数据是137亿光年，也就是10^{26}米，那么大的宇宙跟我们似乎没什么关系，我们只是生活在太阳系这个小小的范围以内，我们的新视野探测器刚刚飞到太阳系的边缘，也就是冥王星那里。冥王星的轨道距离太阳有10^{13}米，似乎是冥冥之中的注定，这正是宇宙数量级大小的一半。

在冥王星轨道的基础上，增加一个数量级，也就是10^{14}米，这是新世纪人们对太阳系空间认识的新突破，这里是柯伊伯带，这里包含着无数的冰类小天体。当新视野探测器探测完冥王星的时候，它将会继续前行，进入到柯伊伯带，而新视野这个探测器就来源于孕育着智慧人类的地球，当我们审视地球大小的时候，我们又发现了一个新的神秘之处，地球的大小是10^7米，这正是太阳距离柯伊伯带数量级的一半。

宇宙小尺度上的巧合还出现在我们生存的银河系内，我们的地球有个伴侣，那就是月球，月球距离地球38万千米，属于10^{10}米范围之内，太阳系的很多行星都有卫星，比较大的行星，比如木星和

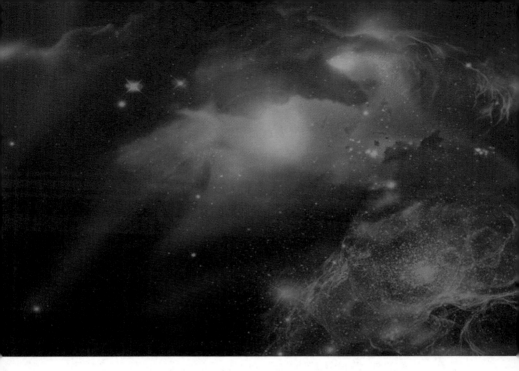

土星，都有几十颗卫星环绕，因为它们的体积大，引力也大，但是它们的卫星与行星的距离都不可能超过这个数量级，否则，它们的卫星将要被太阳俘获。

　　人类介于太阳和分子数量级大小之间，在我们所处的太阳系空间环境中，也出现了巧合，当我们审视生命体内部的时候，就会发现，这里也出现了一些巧合，巧合的也是人与周围的环境。

　　为什么种瓜得瓜，种豆得豆？一直是人类探索的秘密。现在知道，让生物维持本身特性的根本原因是生物体内的DNA，这种由生化分子组成的物质呈现出双螺旋的结构，DNA的尺寸是10^{-8}米。是它们记录了生命的全部特征，当新生命建造的时候，它们就是一张秘密图纸。现代的人们正在试图人工实现DNA，那就是当代正在发展的纳米技术，当这种技术逐步成熟的时候，将会实现人工生命的梦想。

　　按照纳米技术的定义，它是要在 10^{-7} 米的空间内建造微小的物体，在实现这项建造工作的时候，它们使用的原料是原子，也就是可以一个个地把原子拿起来进行搬运，组装出来我们需要的微观物体。

　　纳米技术是要搬运原子，它是人类科学技术发展的顶峰，当我们考察原子是什么物质的时候，我们又发现了一个奇迹，原子的主要成分是原子核，它所占用的空间是 10^{-14} 米，这个指数恰恰是纳米技术指数的一半。

宇宙蛇的尾巴

　　宇宙蛇的各个环节就是这样隐藏着许多秘密，而且处处与具有智慧的人类有着千丝万缕的联系，它似乎是昭示着宇宙的神奇。但是，人们对此似乎并没有多少兴趣，因为没有人仔细地研究这些，

人们更关注的是这条宇宙蛇的尾巴，也就是那些基本粒子。

原子是由中子、质子以及电子组成的，它并不是最基本的粒子，现在人们知道，物质的最基本粒子是夸克，夸克的直径大概在 10^{-19} 米。夸克并不是纳米简单地构成了物质世界，它是和许多的微观粒子一起构成了物质世界。和夸克属于同样级别的微观粒子还有两百多种，它们的尺寸都在 10^{-18} 米以下。

人们也在试图了解比基本粒子更小的空间状况，但是很遗憾的是，比 10^{-20} 米更小的空间的基本情况，人们几乎是一无所知，那是量子物理学中的大沙漠，没有人知道那里是一个怎样奇异的世界。

微观世界的尽头究竟在哪里，也就是说这条蛇的尾巴究竟在哪里？成为人们心中永远的谜团。量子物理学家被这个问题困惑得非常头痛，最后他们索性制定了一个界限，规定空间的最小结构单元是 10^{-35} 米，这就是普朗克长度，在我们的三维空间内，这就是微观世界的极限，这就是宇宙蛇的尾巴。

本来，微观世界的一切物理特性都是十分让人费解的，它们完全不同于我们宏观世界的思路，在普朗克长度单位内，所有的事物更让人费解，在这里，空间已经不是空间，空间是弯曲的维度，基本粒子就像是一根根的琴弦，它们在发生着振动，正是它们的振动，偶然产生出来生态万千的宇宙，宇宙是从大爆炸中产生出来的，这种观点就与此有关。

原来，宇宙的所有秘密包含在这微小的空间内，都包含在这条尾巴里面，这真是让人叹为观止，在这里研究宏观宇宙结构的天文学家和研究微观量子世界的物理学家开始握手了，他们研究的都是同一个问题，因为宇宙蛇的头毫无研究价值，宇宙的一切秘密都包含在它的尾巴中，它的嘴里含着自己的尾巴似乎已经向我们昭示了这一点。

19

宇宙的幽灵和
幽灵的宇宙

幽灵无处不在

这个世界是由什么构成的？你不用观察就可以说出答案，这世界是由水、土、金属和空气构成的。这种回答很准确，它不涉及生物的活动产生出来的其他衍生物质。但是，宇宙学家却告诉你，这种回答不正确。按照宇宙学家的说法，我们能看到的所有物质，包括天上的星体都是由原子构成的，它们能产生质量，因而叫做重子物质。

这样就很奇怪了，难道还有非原子组成的物质，它们没有质量？回答是肯定，确实存在着这样的物质，它们就像是鬼魂一样，存在于我们的周围，数量极多，但是我们却看不到它，别说摸不到它，每秒钟有上亿个从我们的身体穿越，我们都不知道。用物理学家的话来说，它们不与任何物质打交道。这种物质就是中微子。中微子是没有质量的，它们是宇宙的幽灵物质。

但是，中微子并不是宇宙幽灵物质的全部，宇宙中还存在着其他物质，它们跟中微子的性质差不多，它们存在于宇宙深处，当然也存在于我们的周围。另外的幽灵物质也有名字，它们叫做暗物质。因为它们的性质至今还搞不明白，我们当前的仪器探测不到它们。

但是，这并不是说完全无能为力，还是有办法知道它们的存在的，它们确实存在于我们的宇宙中。威尔金森宇宙微波各向异性探测器告诉我们，宇宙中存在的常规物质，也就是重子物质仅仅是

4％，22％是暗物质，它们既不吸收光，也不辐射光，无法探测到。还有74％的是暗能量。这样看来，我们的宇宙基本上是被不明物质统治着。

寻找幽灵物质

幽灵物质的存在让宇宙学家大伤脑筋，这些物质的存在让他们的宇宙学说不够完美。长期以来，宇宙学家看着那些巨大的星系结构发呆，天体都按照自己的轨道运行，但是，计算它们的总质量表明，那些质量不足以构成庞大的引力，应该有一些看不到的物质存在。于是，暗物质就成为宇宙学家研究的一个重要课题。他们一直在讨论，宇宙中看不见的幽灵成员究竟是啥东西？

最先被发现的宇宙幽灵成员就是中微子，它是1953年才被从实验室证明出来，但是直到1987A超新星爆发，有关中微子探测才真正成为天文学的一个分支。现在，在南极建造了巨大的冰立方装置探测中微子，虽然这种粒子不跟任何东西起反应，但是当它们闯

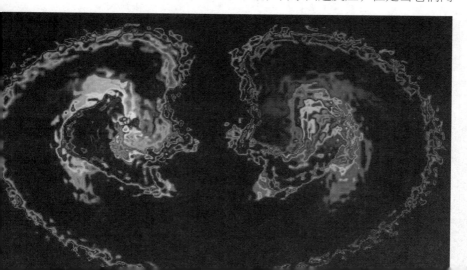

入冰立方阵列的时候，就会引起光电管的发光。不仅如此，它们在进入到大气层或者水中的时候，会在其中激起闪光，引起切伦科夫效应，切伦科夫效应是探测它们的基础。当然，也可以从空气中探测它们，因为它们也会与大气发生这种效应。

中微子是目前已经知道的唯一一种幽灵物质，它并不是幽灵物质的全部，还该有其他的幽灵物质充斥着宇宙，只是我们从未捕获过它们。科学家对它们的性质作了讨论认为，还是能找到一些蛛丝马迹的。

宇宙中的暗物质会产生引力，这就是发现它们的依据，现在，科学家已经寻找到很多引力透镜，通过分析它们，就可以得知，哪些是一般物质引起的，哪些是暗物质引起的。现在已经确认一些引力透镜是由暗物质造成的，它们会构成暗物质环，引起更远处天体的明亮。

寻找宇宙暗物质，除了在宏大的宇宙中观测引力透镜之外，还应该在微观世界找到它们存在的依据，暗物质被认为是一些弱作用重粒子，寻找弱作用重粒子的试验一般都会修建在地下很深处，这样做的目的是为了把它们与宇宙背景辐射区分开。这方面的努力也有一些成绩，科学家找到了一些可疑迹象，但是还需要进一步的证明。

还有一批科学家试图从强子对撞机中寻找它们存在的蛛丝马迹，这就是探测暗物质的第三种方法，也就是采用间接的方法发现，虽然暗物质看不见摸不到，但是它们会与普通物质发生反应，观察反应，再向前推测，就可以知道一些情况，现在已经发现了一

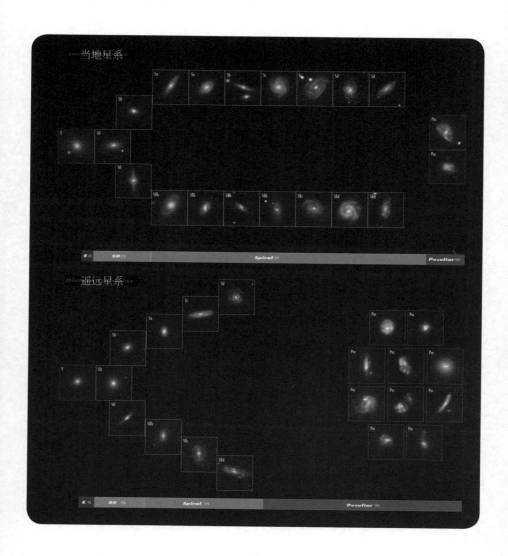

些来历不明的高能粒子，可能是暗物质粒子湮灭的证据。

虽然强子对撞机中还没有找到暗物质存在的确切证据，但是被称为上帝粒子的希格斯粒子刚刚被发现，它也许能够揭示物质为什么有质量这个问题，进而揭示暗物质之谜。

宇宙的幽灵物质探测涉及地下、太空，还涉及遥远的引力透镜天体，引力透镜组成了天然的探测器。但是到今天为止，还是找不到关键的证据，就像是鬼魂那样，这种宇宙的鬼魂物质总是不肯现身。

虽然如此无奈，但是寻找暗物质的努力还在继续。在哈勃望远镜的巡天探测中，测绘了宇宙暗物质的分布图，中国的暗物质探测卫星也将登场，会在太空中探测暗物质。

宇宙的幽灵和幽灵的宇宙

宇宙有多大？宇宙的外面又是什么？这是每个人从小时候就会产生的疑问。我们知道，恒星和行星构成行星系，行星系再进一步构成更大的星系，星系再进一步构成更大的星系团，一级一级的结构构成宏大的宇宙，宇宙就像是一条蛇那样，蛇尾部是最小的微观粒子，蛇的头就是最大的宇宙大尺寸，它的嘴里含着自己的尾巴。

宇宙蛇的这种神秘姿态向我们揭示了一个秘密，宏观与微观世界是有关联的，多元宇宙研究的就是这些，多元宇宙把宇宙的尽头和微观粒子结合在一起研究宇宙。

按照多元宇宙的观点，在我们的宇宙之中，还存在另外一个宇宙，只不过我们找不到它存在的证据而已。它们就像是一个宇宙的幽灵，时而出现在我们的宇宙之中，时而消失。这就更让人奇怪了，原来不仅存在着幽灵物质，还存在着幽灵宇宙。

多元宇宙的这些观点让我们无法理解，科学上也没办法验证。但是，在我们的宇宙中确实存在着一些类似鬼魂的物质，中微子就是最好的证明。还有人认为，中微子就是暗物质，有人发现它的速度比光速还快，还有人宣称中微子有质量，这都让这种神秘的东西更加神秘。

宇宙的幽灵物质还有反物质，科学上已经证明反物质确实存在，而且还制造出来不少反物质。反物质最大的特性就是它跟我们的物质相反，当它与正物质相遇的时候，就会发生湮灭，同时产生巨大的能量。

科幻作家们最喜欢探讨这个问题，他们设想利用反物质来制造武器，一种比原子弹更具威力的武器，还设想用反物质来实现星际航行。在天文探测中，已经发现很多宇宙粒子具有极高的能量，它

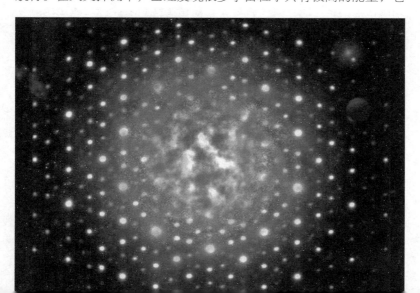

们很可能是反物质与正物质相撞击导致的。宇宙中既然有反物质，那么反物质是否会大量存在，是否会有一个跟我们世界相反的反物质星球，或者反物质宇宙呢？这也是幽灵宇宙的另一种模式。

在探测器布满天空，布满地下的时代里，我们正在经历一场新知识的大革命，宏观宇宙与微观量子世界，每时每刻都有新发现，宇宙神秘的大门正在缓缓地被打开，宇宙的幽灵和幽灵的宇宙就要揭开它们的面纱。

寻找宇宙大爆炸
的回声

宇宙大爆炸的四根擎天柱

点点繁星布满天空，星星为什么每天夜里都出现？它们的排列为何不变化？古人们认为，观测星星就能知道我们世界的秘密。宇宙究竟是什么样子的？我们在宇宙的什么地方？现代人也同样仰望着星空思索，只不过，现代人的思索带着更多的理性。当人类文明的脚步刚刚迈入20世纪，这个问题开始有了眉目，宇宙大爆炸学说开始流行起来，它告诉我们，宇宙是从大爆炸中来的。

1932年勒梅特首次提出现代宇宙大爆炸理论，1946年美国物理学家伽莫夫正式提出大爆炸理论，此后，天文学家普遍认为，宇宙起源于一次大爆炸，这个过程发生在137亿年前，那时候，宇宙仅仅是一个原子那么大，体积极小，密度极高，温度极高，这个小圆点被称为奇点。突然之间，它发生了大爆炸，在此后短短的瞬间，它发生了一系列变化，一系列宇宙物质——中微子、电子、质子、氢元素和氦元素等，就像是崩爆米花那样突然从虚无中出来了。

大爆炸30万年后，宇宙的温度约3000摄氏度，星系开始形成，银河系也就出现了，随后，太阳系出现了，地球出现了。大约30亿年前，生命开始出现了，700万年前，人类开始出现了。直到20世纪初，才有了高级文明，这一切都起源于宇宙大爆炸。尽管宇宙大爆炸理论听起来有些不可思议，但是，越来越多的科学发现证实了它的正确性。

在大爆炸理论产生之前，美国天文学家哈勃发现，几乎所有的星系都在相互远离，不仅如此，距离我们越远的星系，它们远离的

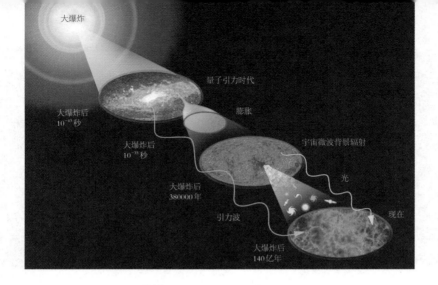

速度也就越快，这就表明宇宙在膨胀，也就证实了大爆炸的存在。

另外，天文学家还发现，宇宙背景中存在着3K的温度，本来宇宙背景的温度应该是0K，但是，实际温度高出来3K，这就是大爆炸之后残留下来的能量，它从另一个方面证实了当初大爆炸的存在。

按照宇宙大爆炸的学说，宇宙中最早诞生的元素是氢元素，直到现在它还应该是最多的一种元素，事实证明这也是对的。不仅是这三条证据，宇宙在大尺度的演化以及星系的演化都证明，宇宙是从大爆炸中来的。

这四条证据成为支持宇宙大爆炸理论的四根擎天柱，让大爆炸理论有着坚实的基础，于是，宇宙大爆炸论开始家喻户晓，成为坚不可摧的理论。但是，宇宙大爆炸论还缺一个重要的观测证据，那就是引力波。引力波就像是宇宙大爆炸的回声那样，至今还在空旷的宇宙中久久地回荡，它就是最坚实的证据，证明宇宙当初确实发生了大爆炸。

引力波间接的发现

在最近的十几年中，天文探测的技术越来越强大，不仅光学望远镜获得了很多其他技术的支持，越来越强大，而且在电磁波的其他方面，都得到了大发展，红外线望远镜、紫外线望远镜、X 射线望远镜、伽马射线望远镜相继出现，取得了一个又一个成果。它们是光学望远镜之外的探测方法，它们的出现宣告着天文学已经进入到全波天文学时代。

但是，按照物理学理论，这并不是探测宇宙的全部窗口，还有另外两扇天窗没能打开，它们不属于电磁波。这就是中微子和引力波，在宇宙深处发生激烈的变化过程中，不仅会产生中微子，也会产生引力波，它们也是观测宇宙的天窗。1987 年，探测器探测到超新星 1987A 的爆发，中微子探测这扇天窗也被打开，引力波探测器也该接收到超新星爆发的信息，但是引力波探测器却毫无反应，引力波这扇天窗迟迟不能打开。

如果把空间看作是一块布匹，那么一颗星球就会在这块布匹上压出凹坑，质量越大，引力也越大，压出的凹坑也就越大。天体在向前运动，这个凹坑也随之向前运动。天体发生了剧烈的运动，比如被什么东西撞击了一下，那么这块布匹就会发生颤动，这种颤动就是引力波，产生的引力波会像水波那样荡漾开来，久久不散。

现在已经知道，天体发生激烈运动的机会多得很，比如超新星爆发、天体互相撞击、黑洞捕获物质等都会发出引力波，至于宇宙大爆炸，更是能产生引力波，而且直到今天，它还是会在空旷的宇宙中回荡，引力波探测设备将会接收到这种信号。

费了九牛二虎之力，终于找到了一点引力波存在的蛛丝马迹。1973年，科学家发现了一对双脉冲星，它们的名字被称为PSR1913+16。它们彼此靠得很近，相互绕转，这是一个很危险的事情，轨道会越来越小，相互之间的距离会越来越近，最终它们会融合在一起，这就是引力波辐射导致的结果。

实际观测证明，它们的轨道周期确实在逐渐减小，这对双星的引力波辐射导致了系统动能损失，进一步表现为双星轨道的逐渐减小，减小的程度很符合理论计算，这就间接地证明了引力波的存在。

在探测引力波的过程中，仅仅找到了这个间接的证据，还没有直接的办法证明引力波确实存在，除此之外，还找不到其他引力波存在的蛛丝马迹。

地球与一个原子

为了寻找引力波，科学家花费了太多的心思，花费了太多的钱财，形形色色的探测器出现了很多种。

第一架实际投入应用的引力波探测器是在20世纪60年代建造的，它是美国人建造的铝质实心圆柱。有人认为建造得不够高级，于是更复杂的铝质圆柱形探测器出现了，但都没啥探测结果。20世纪70年代之后，激光干涉引力波探测器开始登场，几乎与此同时，

另外一系列相似的探测设备也在建造，法国和意大利联手建造了一个。为了避免地面的干扰，引力波探测开始准备进入到空间时代，这是欧洲航天局和美国航天局联合承担的项目，全称为"激光干涉太空天线"。寻找引力波的科学竞赛规模越来越大，参与者越来越多。

引力波之所以难以寻找，关键因素是它太微弱了。地球在环绕太阳运行的过程中，也会产生引力波，功率只有千分之一瓦，而一个电灯泡的功率是100瓦，由此可见，引力波有多么微弱。星球越大，引力也就越大，引力波也就越大，当大规模的撞击或者爆炸发生的时候，引力波就大了，但也依然十分微弱。

如果把宇宙看作浩瀚的大海，把地球看作是水面上的小球，那么引力波来袭的时候，将会使地球发生震颤，把地球一个方向挤压，同时把地球另一个方向伸展，这种方向变化有多大？非常非常小，地球的前后尺寸变化仅仅有一个原子的尺寸，这种微不足道的变化实在是难以探测。

引力波的探测器形形色色，探测原理也多种多样，但是它们都没有什么结果，最终，在南极苦寒地带的望远镜却传来了令人振奋的信息。

宇宙微波背景上的印迹

在地球的南极，那里是高寒的地带，那里还有高原，在高原上，就更寒冷了，那里没有水汽，是观测宇宙的最佳地带，为此，很多国家都在那里建造了各种望远镜，那里是除了夏威夷和智利之外，另一个天文研究的热土。

这里的天文台没有巨大口径的望远镜，但是，它们的望远镜有自己的特色。它们的望远镜不是从光学波段研究宇宙，而是从其他波段来研究宇宙。寻找引力波的竞赛就在这里有了结果，南极望远镜创造了这项奇迹，它从微波的角度研究宇宙，这种研究叫做宇宙泛星系偏振背景成像（BICEP）。

这种研究没有观测到激烈天体运动产生的引力波，但是，它找到了宇宙大爆炸的时候产生的引力波，被称为元初引力波。它们是宇宙大爆炸的时候产生的，至今还在宇宙中回荡。元初引力波会在宇宙微波背景上留下印迹，它们会让宇宙微波背景辐射产生偏振，形成螺旋状的特殊形态，这种偏振叫做 B 模式偏振。

2014 年 3 月，由美国多个大学参与的研究小组宣布，他们找到了宇宙微波背景辐射的 B 模式偏振，证明引力波的存在。

这不同于超新星爆发产生的引力波，也不同于两个脉冲星相互环绕产生的引力波，这不是天体激烈运动产生的引力波。它来自宇宙大爆炸的初期，在宇宙大爆炸之前，引力随着量子真空的涨落而起伏不定，宇宙大爆炸的产生，也让引力场进入到宏观世界。

B模式偏振被称为元初引力波，元初引力波搅动了时空中的物质，随后，宇宙微波背景也产生了，微波背景辐射产生时，物质又搅动了其中的光子，使之拥有一种特殊的分布模式。如果说微波背景辐射是大爆炸的回声，那么这种特殊的分布模式便是宇宙暴涨的回声。

元初引力波出现于宇宙大爆炸后一瞬间，并叠加在微波背景辐射的信号上。宇宙微波背景辐射B模式的发现，相当于找到了宇宙大爆炸产生的引力波。

探测到宇宙微波背景辐射B模式的南极望远镜已经经历了第一代，它所装备的宇宙泛星系偏振背景成像系统在2006年开始工作，

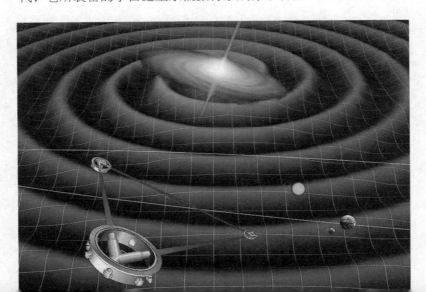

结束于2008年，升级后的第二代系统开始在2010年开始工作，正是它寻找到了宇宙微波背景的 B 模式偏振，该望远镜的第三代将会得到更大规模的改进，2015年开始服役。那时候，它扫描南半球的天空，在缺乏无线电干扰的星空下，默默地注视着深邃的宇宙。

相对论的一百年

早在1916年，爱因斯坦在提出"广义相对论"时就预言了引力波的存在，他同时认为引力波非常微弱，可能永远无法探测到。他的这种认识很对，广义相对论中预言的其他科学效应一个个被检验出来，从来没有什么像引力波这么难以探测到。

引力波探测器也经历了三代变化，如果说，铝质实心圆柱是第一代引力波探测器的话，那么一对 L 臂就是第二代引力波探测器，现在的很多探测器都属于第二代，都是两根长臂相结合。伴随着这些探测技术的发展，探测器从地面开始升到宇宙空间，又从宇宙空间深入地下。

激光干涉太空天线和爱因斯坦望远镜也许会不负众望，找到引力波。爱因斯坦望远镜当然不是望远镜，仅仅是两台组合在一起的引力波探测设备，之所以叫这么一个名字，大概是物理学家在想：我们都找不到引力波，还是爱因斯坦你自己来找吧。

2016年，相对论发表一百周年，作为里面的重要内容，宇宙大爆炸的时候就开始荡漾的引力波纹，究竟能不能找到，就成为关键的时刻。现在，宇宙河外偏振背景成像望远镜的发现间接证明了引

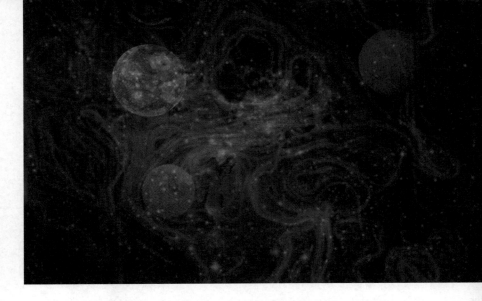

力波的存在，这是目前对引力波最为信服的证据。这让寻找引力波的传统探测器感到十分尴尬，那些长臂探测器一无所获，而微波探测却出现了绝对性的胜利。

于是，宇宙微波背景辐射的 B 模偏振成为科学家们竞相争夺的宝藏。除上述南极望远镜外，智利的阿塔卡马宇宙学望远镜等也在寻找 B 模式。在太空，"普朗克"太空望远镜，也一直在精细勘测宇宙微波背景。受到这个消息的影响，也许会有更多的发现。这个消息如果最终得到证实，那绝对是可以得到诺贝尔奖的重大发现。

2016 年，也许引力波的探测会出现更大的成果，让相对论变得毫无缺陷。另一方面，爱因斯坦的相对论与牛顿的经典力学存在着一些抵触，二者不能相互协调，引力是力学的范畴，引力波是相对论的范畴，宇宙微波背景辐射的 B 模偏振会在二者之间架起一座桥梁，让相对论与牛顿力学相互包容，让相对论变得更加完美。

图书在版编目（CIP）数据

神秘的宇宙蛇 / 北辰编著 . —北京：清华大学出版社，2015(2019.6重印)
（理解科学丛书）
ISBN 978-7-302-40735-5

I. ①神… II. ①北… III. ①宇宙 – 青少年读物 IV. ① P159-49

中国版本图书馆 CIP 数据核字（2015）第162007号

责任编辑：朱红莲
封面设计：蔡小波
责任校对：刘玉霞
责任印制：李红英

出版发行：清华大学出版社
　　　　　网　　　址：http://www.tup.com.cn，http://www.wqbook.com
　　　　　地　　　址：北京清华大学学研大厦 A 座　　邮　　　编：100084
　　　　　社 总 机：010-62770175　　　　　邮　　　购：010-62786544
　　　　　投稿与读者服务：010-62776969，c-service@tup.tsinghua.edu.cn
　　　　　质量反馈：010-62772015，zhiliang@tup.tsinghua.edu.cn
印 装 者：河北锐文印刷有限公司
经　　销：全国新华书店
开　　本：145mm×210mm　　　　**印　　张**：5.375　　　　**字　　数**：108千字
版　　次：2015年8月第1版　　　　**印　　次**：2019年6月第2次印刷
定　　价：39.00元

产品编号：065002-02